新潮新書

野口憲一
NOGUCHI Kenichi

1本5000円のレンコンがバカ売れする理由

808

新潮社

はじめに

僕は民俗学の研究者ですが、同時にレンコン生産農業にも従事しています。これまでは「二足の草鞋」と揶揄されることが多かったのですが、メジャーリーグのロサンゼルス・エンゼルスで活躍している大谷翔平選手にあやかり、最近は半分冗談で「二刀流」を名乗ったりしています。

もともとは研究者としての道を歩もうとしていて、2004年に大学を卒業した後は大学院にそのまま進学しましたが、さまざまな事情が重なって、博士後期課程4年目の春から3年間ほど、フルタイムで茨城県にある実家のレンコン生産農業に従事しました。

その後、2012年に博士（社会学）を取得し、東京都に引っ越して母校で助手・非常勤講師として3年間ほど勤務しましたが、再び茨城県の実家に戻ってレンコン生産農業に従事することになりました。その後、現在に至るまでレンコン生産農業と研究者の二刀流を続けています。

僕が力を尽くしてきたのは、両親が経営する株式会社野口農園と、野口農園で生産するレンコンの価値を高めることです。中でも大きかったのが、1本5000円という超高級レンコンのブランディングです。レンコンは1本1000円ほどが標準的な価格ですから、単純に5倍の価格で販売しているわけです。

「そんな馬鹿な」「できるわけがない」と思う方も多いかも知れませんが、この常識はずれな超高級レンコンは、今では生産が追い付かないほどの注文を受けるようになりました。また、デパートの外商の商材として使わせて欲しいとか、有名チェーンのカタログギフトに使わせて欲しいといった依頼も頂いたりしていますが、満足できるレンコンが十分に確保できないので、大半はお断りせざるを得ないのが現状です。

野口農園のレンコンは現在、日本各地の小売り店で販売されているだけでなく、銀座、神楽坂、赤坂など国内の超高級料理店や、ニューヨーク、パリ、ドイツ等の超高級料理店でも食材として使われています。野口農園は従業員9人（うち正社員5人）程度の零細企業ですが、レンコンの販売だけで昨年は約1億円の売り上げを計上しました。僕には、野口農園のレンコンを日本一、いや、「世界一のレンコン」としてブランディングしてきたという自負があります。

加えて言えば、都道府県の魅力度ランキング調査などでは、茨城県はいつも最下位です。関東圏の方であれば茨城について、ネガティブなイメージとしてではあっても「ヤンキーの巣窟」「だっぺだっぺ言っていて方言がきつい」「中途半端な田舎」くらいはあるかも知れませんが、それ以外の地域の方であれば、「そもそも印象が薄くて知らない」というのが偽らざるところでしょう。

そもそも「いばらき」と正しく覚えている方すらどれくらいいるでしょうか。茨城が「いばらぎ」だと思っている方も多いのではないでしょうか。僕が携わっている農業生産分野でも、茨城は「関東圏の野菜の生産工場」という位置づけで、ブランド価値が高いとはとても言えない状態です。

それでは、なぜ地域としてはブランド価値が最低の茨城産の農産物を高値で売ることが可能となったのでしょうか。それにはいくつもの理由があり、本書の中でおいおい語っていくつもりですが、はじめに根本の理由を一つだけあげておきます。それは、戦後農業を呪縛してきた「生産性の向上モデル」と決別したことです。

生産性の向上モデルとは、生産面積を拡大し、常に技術革新や経営革新を怠らずに効率化・合理化を図り、生産コストを下げることによって利益を確保する、というモデルです。僕はこれに疑問を感じていました。そもそも日本には、アメリカや中国のような広大な農地があるわけではありません。規模を拡大して生産コストを下げて、効率化と合理化を図るにも限界があるわけです。

もちろん、生産性などどうでも良いとは言いません。人類の歴史は飢餓との闘いの歴史でもあります。日本でも、1961年に制定された農業基本法、その後の食料・農業・農村基本法においても、基本的には生産性の向上がうたわれ続けてきました。

しかし、現代日本は飢餓とは縁遠い社会となりました。それどころか、ゼロカロリーや脂肪燃焼効果をうたう食品や飲料が大流行しています。大げさかもしれませんが、この現象は社会が食事からカロリーを摂取するという目的自体を放棄し始めた、人類始まって以来の大変化ではないか、と僕は見ています。

こんな時代にあって農産物に生産性を求め続けるなど、あまりにも的外れではないでしょうか。ゼロカロリー飲料に限らず、そもそもお菓子や酒などは最初から嗜好品です。

人はお腹を満たすためだけに食料を摂取するわけではないのです。

基本的に、生産性の向上モデルは大量に生産して大量の商品を安く売ることを目指しています。しかし、そのような大量生産大量消費モデルが時代遅れになっていることは、他の産業であれば常識でしょう。普通の商品であれば、価格帯の違う商品や目指すマーケットの違う商品が複数あって、選択は消費者に任されている。

同じ食品を扱う業界でも、農業の現場以外はとっくにこうした常識を共有しています。ゴディバの高級チョコレートと明治の「たけのこの里」は同じチョコレートですが、どちらを選ぶかは消費者次第。1本何十万円もするワインとスーパーで1本300円で売られているワインも、ワインというカテゴリーは一緒ですが、どちらを買うかは消費者の選択に任されています。

もちろん、「加賀野菜」「九条ねぎ」「魚沼コシヒカリ」などのように、ブランド化に成功している農産物もないわけではありません。しかし、大半の農業関係者は、いまだに大量生産大量消費を前提とした「生産性の向上モデル」を追い求め続けているように思えてならないのです。

このモデルは、端的に言えば「生産すればするほど儲からなくなるシステム」です。

僕はこれに抗い続けてきました。食べるものは安ければ何でもいいわけではない。この延長線上にあったのが「1本5000円レンコン」でした。

一方、農業が儲からないという理由を糊塗するためか、農業に経済的な利益とは異なる意義を見いだす言説も跋扈しています。「お金は儲からないけれど自然の近くで仕事ができる」「都市生活では希薄になった人間関係を取り戻せる」「野菜を育てるのは楽しいし、癒しになる」等々。要するに、経済的な不足を文化的・社会的な充足で補填するという考え方です。

しかし、これって「やり甲斐搾取」ではないでしょうか。自然の近くで働くことができて、濃厚な人間関係を築くことができれば、それで満足なのか。僕は全くそうは思わない。やり甲斐があって収入がある仕事こそ一番でしょう。僕は、農業でもやり甲斐と収入を確保できる社会を構想したいのです。

ここで言うやり甲斐とは、「自然の中で仕事ができるのは楽しい」「野菜を育てるのは楽しい」といった牧歌的なものだけを指すのではありません。自分の努力で利益を上げ、収入を増やしていくという、プロフェッショナルな職業人としてのやり甲斐です。農業界は、いろいろな面で行き詰まっていますが、見方を変えれば「工夫の余地は無限にある」とも言えます。そんな僕にとっては、農業こそが無限のフロンティアに見えるのです。

僕はこれまで、民俗学・社会学の研究者として、日本各地で農業を営む人々にインタビュー調査を繰り返してきました。このインタビュー調査を通じて、やり甲斐搾取の罠にはまっているとしか思えない農家、努力をもって経済的な充足を得ることが難しくなりつつある農家、そのことに気付かずに闇雲な努力をしているとしか思えない農家をいくつも見てきました。一方で、農業にフロンティアを見いだし、立派に農業で稼げる仕組みを作っている人々もたくさん見てきました。本書では、そうした経験を踏まえて、なぜ僕が民俗学を援用して「1本5000円レンコン」を構想し、バカ売れさせるところまで持って行ったのかを語るつもりです。

などと書くと「自慢話か」と思われるかも知れませんが、お読み頂けば分かるとおり、これまでの僕の経験は失敗の連続です。それでもめげずに前を向いてこられたのは、農家の息子として生まれた「業」のような部分もあります。そういったブランド論やマーケティングだけでは語り尽くせないドロドロした面も含めて、包み隠さず語るつもりです。

本書が、今後の経営方法について思い悩んでいる農家の一助となり、日本農業の目指すべき方向性への示唆となれば、望外の喜びです。

1本50000円のレンコンがバカ売れする理由——目次

第一章　やり甲斐搾取が農業を潰す

「はじめに」で説明したように、経済的に大きな利益を生み出すことが難しいとされる農業を巡っては、「やり甲斐搾取」の構図が生まれています。しかし、この「やり甲斐搾取」の構図は、これまで多くの人々が何とか農業を改革しよう、儲かる農業の仕組みを作ろうと試みてきた結果でもあったのです。

まず第一章では、現代の農業に課せられている制約について説明しようと思います。その上で、農業側がこのような制約を課せられている現状を打破しようとした試みとして、「農産物直売所」と「有機農業」という二つの取り組みについて説明していこうと思います。

この二つの試みは結局、儲かる農業を作ることはできずに途中で頓挫してしまい、「やり甲斐搾取」の構造に回収されてしまいましたが、そのプロセスには現代の農業の問題点が集中的に現れているのです。

ナスと白菜が同時に食べられる不思議

ナスと白菜がスーパーの棚に隣同士に並んでいても、疑問に思う人はほとんどいないと思います。ただ、植物本来の性質から言えば、ナスは夏から初秋に、白菜は晩秋から冬にかけて収穫するのに適した野菜です。どちらも日本在来種の野菜ではありませんが、これらの野菜が産まれた地域の環境や気候条件を引き継いでいるため、収穫に適した時期に差があるわけです。しかし、実際はナスも白菜も1年中購入することができます。それでは、なぜこのようなことができるのでしょうか。

第一に、種を品種改良しているからです。市民農園などで野菜を育てている読者の皆さんは、野菜の種や苗をホームセンターなどで購入していないでしょうか？　実は種を購入して育てるのはプロの農業者も変わりません。プロの農業者が種を購入するのは必ずしもホームセンターではありませんが、現在の農業では、自分で採った種を育てて野菜を生産している農業者はごくごく一握りです。農家が育てる野菜の種は、専門の種や苗を作っている専門の種苗会社が育て、病気や冷害などに強い品種を作っているのです。

古来、日本の農業にとっての最重要作物であり続けている稲などは、ごく一部を除いて公的な研究機関で作られています。

もちろん、品種改良は病気や冷害対策だけが目的ではありません。病気や冷害などには弱いけれど柔らかくて甘みがある品種、通常の品種とは色が異なる品種（例えば紫色のトマト）など、種苗会社は農家が買いたくなるような品種を作っているわけです。

第二に、様々な科学技術を導入しているからです。ビニールを張った大型ハウスを用いたり、暖房設備を導入したり、灌漑設備を整えてスプリンクラーを導入したりすることで、このことを可能にしています。例えば、生産量トップの高知県で生産されるナスのほとんどは、重油を用いた暖房設備と灌漑設備を備えた大型ハウスで生産されています。農薬を使う必要もあります。例えば梅雨のネギはベト病と呼ばれる病害にかかりやすく、農薬（殺菌剤）を使わないと全滅してしまうことがあります。

第三に、農産物の流通網の存在です。トラック輸送などの物流の存在はもちろんですが、徐々に産地をずらしていくことで、日本中に野菜が供給できるようなシステムが作られているのです。スーパーの野菜売り場に注目していただくと、暑い季節は長野の高原などの涼しい地域の野菜が、冬場や春先などは鹿児島などの温暖な地域の野菜が並んでいるのに気づくはずです。中でも特に消費量の多いキャベツやキュウリ、里いも、大根、玉ねぎ、トマト、ナス、ネギ、ニンジン、白菜、ジャガイモ、ピーマン、ほうれんそう、そしてレタスは「指定野菜」と呼ばれ、野菜生産出荷安定法という法律で安定的な供給が図られるような制度が作られています。

第四に、消費者を含めた農産物市場の需要です。1年中、農産物を供給できる体制が整っていたとしてもそれだけでは、日本中に季節外れの野菜は供給されません。それらに対する需要が存在しているという側面も見逃すわけにはいきません。このような需要に合わせて、農産物市場（いわゆる「市場」だけでなく、JAや小売り業者、あるいは加工業者や飲食業者なども含めた農産物に関わる広範なマーケット）が形成されています。

このような様々な要因が重なり合って、スーパーでは同じ野菜を1年中購入することができるのです。夏だからといって毎日ナスばかりが食卓に出てきたら飽きてしまいます。事実僕は、夏休みに母親が家庭菜園で作ったキュウリばかりを毎日食べさせられて、キュウリがあまり好きではなくなりました。

「消費者の便利」と「生産者の苦労」は裏腹

消費者にとっては、ナスと白菜を同時に食べられた方が良いに決まっています。白菜の入った鍋も食べたいけれど、麻婆茄子も食べたい。それが当たり前だと思います。しかし、農産物の生産者である農家にとって、これらが様々な課題や問題のタネとなります。

例えば、農業者の選択の幅が狭められるという側面があります。購入する野菜の種のほとんどを種苗会社から購入しなければならないということは、どのような野菜を栽培するかの決定権を種苗会社に握られているということと一緒です。もちろん、種の商品ラインナップの中から生産する野菜を選ぶことはできますが、そもそも商品ラインナップにない野菜は生産することはできません。そして、種は購入しなければなりません。購入するためには当然お金がかかります。

だったら種を自分で採れば良いじゃないかと思う方もいらっしゃるはずです。しかし、現在販売されている野菜の大半はF1種です。F1種とは、異なる特徴を持った品種どうしを交配させて作られる作物の種のことを言います。色・形状や耐病性、収量などで、親となった品種の特徴を超える品種が生まれることがあります。現在の日本のほとんどの市販野菜はF1種です。

F1種の特徴は、一代限りであることです。F1種が親となっても、子供に同じ特徴が継承されないのです。F1種から採れた種は、遺伝子の情報がリセットされて原種に戻ってしまったり、いずれかの親の特徴が出てしまったりします。そもそも種ができにくいという特徴も持っています。簡単に種が採れてしまっては、品種改良に投資をした種苗会社が儲かりませんから。

また、大型ハウスなどを建設するなら高額な設備投資が発生しますし、暖房設備を使うなら重油代などの光熱費も発生します。当然、耕作機械も必要です。ミカンなどでは糖度や大きさを自動で選別するための選別機も使います。機械を稼働させるための人件費、メンテナンス費、電気代も必要です。

農薬だって必要です。現在の農薬は、基準さえ守っていればそれほど危険なものではありませんが、購入するためにはお金がかかります。農業者にとっても消費者にとっても環境にとっても、使わないで済むのなら使わない方が良いに決まっています。

遠隔地に野菜を運ぶためには物流コストもかかります。鮮度を保持するためのフィルムや箱はもちろん、冷蔵設備も備えなければなりません。野菜の価格はそう簡単には上がらないのに、これらの価格は年々高くなっていきます。

また、出荷する野菜には厳格な規格が設けられています。この規格はその野菜を最もおいしく食べるために設けられているわけではありません。

野菜ではありませんが、梨を思い出してみてください。代表的な梨の品種の一つに幸水があります。8月のお盆の頃に出回る梨です。この梨、スーパーでは青い色（緑色）で売られており、青い梨を選んだ方が良いとされますが、本当は赤い方がおいしいのです。そもそも幸水は「赤梨」とも呼ばれるくらいです。

それではなぜ、青い梨が良いとされるのか。それは、お盆の棚飾りに幸水を用いるため、青いうちに出荷することが求められるからです。お盆に価格が高騰することから、全て盆前の7月半ばから8月前半に収穫して出荷してしまうのです。その後は、この時に一気に出荷された梨を冷蔵庫で貯蔵しながら徐々に販売していきます。

この幸水、木にならせておくと8月半ばから後半頃にかけて熟して赤くなるのですが、梨も個体差があってお盆前に赤くなる梨もあります。しかし、このような梨は「規格外」として低い等級に落とされます。さらに近年は、ジベレリンという成長ホルモンを用いて青いままでも糖度がのるように作られています。お盆の棚飾りというだけではすべての供給量を消費することはできません。食べてもらうためには食味も重要です。しかし、自然な状態では糖度が落ちるため、薬剤を用いるのです。

本来、木になったまま赤くなった梨の美味しさは格別です。甘さも香りもみずみずしさも食感も、スーパーの棚や冷蔵庫で赤くなった梨とは比べ物になりません。そうであるにもかかわらず、木になったまま赤くなった梨は、棚持ちしないからという理由で規格外として買いたたかれるわけです。矛盾しているように感じるかもしれませんが、これが農産物の規格なのです。

最初は「自由の場」だった農産物直売所が……

このように、農家が農業で食べていくためには、さまざまな制約が課されているのです。ただ、農業の側もただ単に黙って見ているだけではありません。このような課題を解決しようとして登場したものの一つが農産物直売所でした。

JAや市場、流通業、小売り業、そして最終的には消費者の都合によって野菜を生産・販売するのではなく、農業者が作りたい野菜を作りたいだけ生産し、売りたい価格で販売しようとしたのです。販売は生産地の近くなので、物流コストもかかりません。

現在では道の駅や大きな施設で運営されている農産物直売所ですが、１９８０年代から90年代前半頃までは、小規模かつ多様な形で展開されていました。例えば農家の庭先や畑の一角を利用した有人・無人販売、通りや空き地などを利用した朝市・夕市での販売などです。このような動きは全国的に広がっていきました。

なぜ、こうした動きが広がったのでしょうか。これについて、キュウリを例に説明してみようと思います。

梨と同じく、キュウリの規格も厳密に決められています。店で買うキュウリの長さを思い出してみてください。同じような長さでそろっているはずです。なぜ同じ長さでそろっているのかというと、海苔1枚の横（短い方）の長さになるように、時期を調整して収穫しているからなのです。

海苔とキュウリでかっぱ巻きを思いついた方、正解です。海苔1枚をそのまま使って海苔巻き寿司を作るのに丁度良い長さこそキュウリの長さなのです。

人間でも毎食ご飯を茶碗３杯食べ続ければどんどん太っていきますが、キュウリも一緒です。中学校の理科の授業で習ったと思いますが、植物は光合成で栄養を作っていきます。真夏の太陽の下で収穫せずに放っておいたキュウリはどんどん大きくなっていきます。長さ40センチ、直径5センチにもなってしまったキュウリを、通常は売ることはできません。多少かたいかもしれないけど味は変わらないし、新鮮だし。何より安く買えるとしたら？　買いたいと思う人は当然いるでしょう。その需要と供給のバランスが取れたところに農産物直売所は成立しました。

そして、このような規格を度外視した野菜を販売できる農産物直売所に、いち早く目を付けたのは農家の家計を握っていた主婦たちでした。農家では、自家用野菜は自分で生産するのが一般的です。自家用野菜作りは販売用の作物を生産する作業とは別に行います。そもそも売ることを目的として作っているわけではありませんので、規格に合うような野菜はほとんどありません。だからこそ、規格外の野菜でも収入を得ることのできる農産物直売所のシステムが画期的だったのです。

さらに言えば、農家の主婦は経営の中心となる作物の生産や販売には口を出せないことが一般的でした。農家に「嫁」という形で嫁いだ女性たちにとって、家業として営まれている作物の生産や販売に対して口を出すことは簡単ではありませんでした。一方で、自分たちが食べる分の野菜の生産は、農家の主婦たちに任されていたのです。だからこそ、農産物直売所が農家の主婦たちによって支持されたのです。僕のインタビューでは、農産物直売所は「遅い青春だった」と語った農家の主婦もいました。

経営を息子に譲ったりして現役を引退した高齢の農家も、自分たちで食べる野菜は自分で作ったりしていますが、できすぎてしまった時には農産物直売所で、自分たちがつけた値段で売ることができる。ＪＡや市場に出荷される野菜は通常、相場（需要と供給のバランス）によって決定され、自分たちが販売したい価格の値付けはできません。

また、野菜を食べる消費者の声が直接農家に届くことはありませんが、農産物直売所では消費者の意見を直に受け止めることもできたのです。

最初は奥さんや現役引退組が熱中するのを遠巻きに見たり、批判したりしていただけの現役農家の男性たちも、次第にその面白さに気づきました。自分たちが作る農産物についての消費者の評価を知りたいと考えたのです。卸業者や流通業者の中間マージンを必要としないため、販売価格の大半を直接収入に代えることができるという面も魅力的でした。また、中間マージンの部分を量に転化することができたため、スーパーマーケットなどの小売り店で売られている野菜よりも多くの野菜を同価格かそれ以下で販売することもできました。

農産物直売所は消費者にとっても画期的な試みでした。中間流通が取り払われることによって価格が下がったことや、量が増えたことに加えて、野菜の鮮度も著しく向上したからです。農家と消費者双方にとって様々なメリットがあった農産物直売所は全国に広がっていきました。

するとと必然的に、さらなる集客を目指して常設の店舗の必要性が叫ばれたり、「冷暖房や冷蔵設備が必要である」という意見が出始めたりしました。そして、90年代中頃になると、徐々に常設の施設を持った農産物直売所が建設され始めました。ＪＡや自治体などが農家の動きを見逃さなかったのです。自分たちだけで野菜の販売ができるという成功体験に味をしめた農家が、ＪＡや自治体に農産物直売所を建設して欲しいと依頼することもありました。

冷暖房完備の常設の農産物直売所が建設されたことにより、よりたくさんのお客さんが訪れるようになりました。それまではスーパーで買い物をしていた消費者は、売られている野菜の量と安さ、そして新鮮さに惹かれて農産物直売所を利用するようになりました。わざわざ遠方から車を飛ばして大量に野菜を購入していくような飲食店経営者さえ散見されるようになりました。持って行けば行くだけ売れるような状態が続きました。

必然的に野菜は足らなくなりました。それでもお客さんが来るため、農産物直売所からは毎日電話がかかってくる。女性たちや高齢者はお金が儲かるからと、電話が鳴るたびに嬉々として野菜を収穫して袋詰めし、農産物直売所に持って行きました。その結果、みんなハッピーになり、日本の食卓は豊かになり、農家は所得が増え、みんな幸せになりました……とはなりませんでした。なぜでしょうか。

いつのまにか「安売り競争」の舞台に

女性や高齢者たちは、寸暇を惜しんで畑に通い、農産物直売所用の野菜を収穫し、袋詰めしました。もちろん男性たちも、その面白さに気づいてからは積極的に農産物直売所に野菜を持って行きました。

農産物直売所では次第に、売れる人の野菜と売れない人の野菜の間に差がついていきました。最初の頃は、誰でも持って行けば持って行くだけ売れていたのですが、ただ持って行くだけでは売れなくなってしまったのです。

野菜を作っている人は十人十色です。きれいに土を洗い落とすなど見た目重視の人もいれば、収穫してきた野菜を単に袋に詰めるだけの人もいる。量もまちまちなら、価格もまちまちです。

結果的に、農産物直売所は安売り競争の舞台になりました。大袋にたくさん入っていてきれいな野菜でなければ売れなくなってしまったのです。農産物直売所で売る野菜の準備は、次第に大変になっていきます。最初は家庭菜園で作った野菜での小遣い稼ぎだった収入も、徐々に家計の一端として期待されるようになりました。

こうなると、多少無理をしてでも農産物直売所に野菜を持って行かなければなりません。安売り競争に陥ってでも、喜ぶお客さんの顔を見るために無理をして仕事に没頭する。そこにやり甲斐を感じてしまう。まさに「やり甲斐搾取」の論理そのものです。「遅い青春」はいつの間にか「いつもの日常」に戻ってしまいました。

しかも、運営の主体は農家からＪＡや自治体などに移動していきました。２０００年代に入って以降は、農産物直売所に危機感を覚えた小売り店や、投資先としての可能性を見いだした資本が放ってはおきませんでした。大型の農産物直売所が全国各地に建設されたり、道の駅の中に併設されたり、スーパーマーケットの中にはインショップの農産物直売コーナーが導入されたりしていきました。

この段階まで行くと、農産物直売所市場が飽和状態になり、大型化した農産物直売所同士がお客さんを取り合うようになりました。野菜を持ち合う農家が共同で使用するための備品や買い物袋を購入するための「積立金」（販売価格の1割以下）も、「販売手数料」と名を変え、売値の3割にも達するほど高額なお店も出てきました。しかも、売れ残った野菜は全て持ち帰りなのです！

さらに悪いことに、農産物直売所は正規のルートで流通するスーパーマーケットの野菜とも競合するようになってしまいます。流通ルートを通らないために新鮮でなおかつ大量に袋詰めされていた安い野菜が、正規流通の野菜の販売価格と競合することになったのです。消費者にとっては良いことずくめかもしれませんが、農家にとっては自分の首を自分でしめるような事態に陥ってしまいました。

有機農業が始められた二つの理由

農産物直売所と同じような経緯をたどったのが「有機農業」です。

有機農業というと、無農薬・無化学肥料の野菜というのが消費者のイメージでしょうか。有機農業が日本で注目され始めた理由は大きく分けて二つあります。

一つは環境問題についての社会全体の関心です。レイチェル・カーソンの『沈黙の春』（1974）や有吉佐和子の『複合汚染』（1975）などが出版されることにより、環境汚染や食の安全性についての社会的な関心が高まったことがあります。高度経済成長に伴う公害問題の激化と同じ時代の関心事でした。

もう一つは、1961年に制定された農業基本法の目指す農業の近代化と、70年代に開始された減反政策という農業側の問題です。

1970年の減反政策に始まる米の生産調整は、これまで米の生産力の増強に努めてきた農業政策を大きく転換させるもので、国の方針に合わせて農業生産力の向上に情熱を傾けてきた農家の将来展望を悲観させるものでした。当時は食糧管理法（95年廃止）という法律があり、戦時中の食糧難に端を発する配給制度を引きずっており、米の生産と流通は政府が介入して管理することが法的に決められていました。現在のように農家が米を自由に販売することが法的に許されていなかったのです。

ですから、「これ以上米を作ってはならない」という政府からの命令は絶対でした。これ以上作っても買わないと言われたら、農家は米の生産面積を増やすことができません。要するに、農家が自分たちの努力で経済的に発展していく道が閉ざされてしまったのです。このことは、環境問題と併せて「農業の近代化」の限界と矛盾を農家自身が感じる契機となりました。

こうした二つの背景が交差する中で開始されたのが、有機農業の取り組みでした。ただ、環境汚染や食の安全性に注目して始まった取り組みだったこともあり、最初は農家よりもむしろ都市の消費者主導の社会運動として展開していきました。

有機農業が始まったばかりの頃は、環境問題や食の安全性への関心が高かったことから、農薬や化学肥料を使わずに野菜を生産するという取り組み自体が注目されました。その取り組みは、ジブリ映画『おもひでぽろぽろ』にも取り上げられました。農薬や化学肥料を用いることが当たり前だった当時の農業にとって、これらを用いなくとも野菜の生産ができるということ自体が都市の消費者にとっては画期的だったのでしょう。

無農薬・無化学肥料で野菜を生産することによって増える労働力を補うために都市住民が農作業を手伝ったり、従来の規格に合わないために通常のルートで販売できない野菜を都市住民が買い支えたりする取り組みも行われました。過酷な農業労働の一部を都市の消費者が肩代わりするとともに、生産された野菜を都市住民が直接買い取るというシステムは、消費者と農家による「提携」と呼ばれています。「提携」は大量生産大量販売に代わる新たな農産物の生産と流通の試みとして社会的にも注目されました。

消費され続ける「有機農業」の記号性

しかし、時がたって行くと次第に野菜の味などの部分についても関心が示されるようになったのです。当然と言えば当然でしょう。人は安全安心な野菜であれば何でも良いわけではありません。食べ物は美味しい方が良いに決まっています。このことは、農産物直売所が始められたばかりの頃、「持って行けば何でも売れた」のが、時がたつにつれて、見た目の美しさなどが重視されていったことと非常に似ています。

さらに、80年代後半から、徐々にグローバルな有機農産物市場が進展し、有機農業で栽培された野菜は選択的な健康食品として商品化され始めます。特に2001年にJASの有機認証制度が確立されて以降、有機資材を用いて農産物を生産した有機農産物の市場化が進展するとともに、流通大手や食品産業が有機農産物市場に参入し始めました。この結果、有機農業は「オーガニック」として安全性、環境性能の高さ、美味しさ、健康などを象徴する「記号」となりました。

2013年に公開された映画『奇跡のリンゴ』以降は、この手の傾向が特に強くなったと僕は見ています。本書と同じ新潮新書で出版されている久松達央さんの『キレイゴトぬきの農業論』では、このような側面は「神話」であるとして疑義が唱えられていますが、有機農業の神秘化・神聖化と「記号」としての消費は続けられている、というのが僕の実感です。

しかし、現代社会はとにかく新しいものを求めますから、今ではオーガニックというだけで消費者に訴求効果があるような商品ではなくなりました。むしろ、現在では、「有機」やオーガニックは既に過去の流行と化し、一過性のブームとしてその「記号」の有効性さえもが摩耗している感さえあります。

現在、有機農産物は、高価格帯の商品を購入することができる上に美容や健康などにも気を使う人々向けのニッチな健康食品、という位置づけでしょうか。普通の人は結局、無農薬・無化学肥料に対してそれほど大きな価値を見いださないのです。日本人は特に国産品は安全安心だという意識が非常に強いですから、スーパーで売られている野菜の農薬にそれほど神経質になる人はいないということでしょう。

千葉県で有機農業を営む友人の山木幸介さん（三つ豆ファーム）に聞いたところ、無農薬・無化学肥料の野菜であっても、虫に食われて穴だらけの野菜は売れないとのことです。農業に近いところにいる僕でさえ、無農薬・無化学肥料で青虫に食べられて穴だらけのキャベツよりも、適正な基準に則って農薬を使用して作ったキャベツの方を選びます。このため、山木さんは有機農業でも虫食い野菜は極力売らないようにしているそうです。その労力には頭が下がる思いです。

しかし、徹底的に病虫害に気を使って盆栽のごとく愛情を持って育てたキャベツであっても、その努力の全てが価格に転嫁できないという矛盾があります。一株あたりに手間をかければかけるほど、一度に栽培できるキャベツの株数は少なくなっていくのです。

ですから、農家が生活していくためには価格を上げざるを得ません。仮に農薬や化学肥料を用いる野菜の10分の1程度の収穫量しかなければ、価格は10倍にしなければ釣り合いません。しかし、無農薬・無化学肥料という理由だけで、4分の1カットで1000円するキャベツを毎日購入しようと思う消費者は多くないのが現実なのです。

付加価値は農家の手元に残らない

農業に携わったことのない読者の方は、「10倍は大げさだ」と感じるかも知れません。しかし、無農薬・無化学肥料で美味しい野菜や果物、しかも規格に合わせた野菜や果物を生産するのは、並大抵の労力ではありません。なぜなら、美味しい野菜は鳥獣害や病虫害に弱いからです。鳥や獣は、美味しくない野菜ははなから食べません。農業に携わっている経験から言えば、甘みがあって柔らかくてみずみずしく、濃厚なうまみがあって食感も良いような美味しい野菜であればあるほど、鳥獣害に弱いのです。このことは、病虫害の原因である細菌やカビも一緒です。鳥獣害や病虫害から守りながら美味しい野菜を農薬や化学肥料を用いずに生産していくのは大変なことなのです。

それでもニッチな市場の記号化が農家主導だったら、事態はまだましだったかも知れません。実際には、ニッチな市場の記号化作業は大企業が行っているのです。大企業は、このような作業を大手の広告代理店などに依頼することになります。

繰り返しになりますが、有機栽培された野菜であれば、4分の1カットで1000円するキャベツでも高くないなどと考える消費者は一握りです。そもそものマーケット自体が小さい商材に対して、広告宣伝費に巨額の資金を投じていることもあり、有機野菜であっても買い取り価格は一般的な農作物に毛が生えたくらいにしかならないというのが現状です。

2008年のリーマンショック以降、官民挙げて作られた新規就農ブームにより、農外からの新規就農者が増加しました。2012年には新規就農者に対する補助事業として青年就農給付金制度も発足し、この傾向はますます助長されました。その結果、有機農業や自然農法などにロマンを抱き過ぎた夫が、ロマン先行で農業に参入して失敗し、奥さんが子供を連れて出て行ってしまったというような話がごろごろしているのです。僕には、有機農業も「やり甲斐搾取」の罠にはまっているとしか思えないのです。

それでは、なぜ僕はこのことに気づき、どうやってそこから脱しようとしたのか。次章では、そのことについて記します。

第二章　1本5000円レンコンを着想する

資本主義の最底辺で

僕は子供のころから農業は資本主義の最底辺であると考えていました。農業が儲からないことは半ば常識ですし、それを乗り越えようとする試みがことごとく失敗し続けてきたことは、第一章で述べた通りです。

「はじめに」でも少しだけ触れましたが、僕は大学院博士後期課程在学中の3年間ほどフルタイムでレンコン生産農業に従事しました。当時、農業という職業に対して抱いていたイメージは、それこそレンコンだけに「はまったら一生抜け出すことのできない泥沼」というような、マイナス一辺倒のものでした。

実は、それは今も全く変わりありません。では何が変わったのか。それは、今ではむしろ、「最底辺にある産業であるからこそ農業には大きなフロンティアが広がっている」

と考えるようになったことです。もともと一番下なのですから後は上がるだけ。大事なのは、農業の置かれた位置をきちんと受け止め、「途方もない未来」を自らの手でつかみ取ろうという心もちです。

第二章では、僕が大学院で民俗学と社会学を学び、実際に農業に従事するとともに、1本5000円のレンコンの企画を立てようと思いついて、実践するまでの経緯について語っていこうと思います。また、レンコン1本5000円という破格な価格設定の背景にある「ブランド」についての僕なりの考え方と、その背景にある民俗学的な考え方についても簡単に触れるつもりです。

大学院で民俗学と社会学を学ぶ

僕は民俗学者を名乗っていますが、博士号は社会学で取得しています。民俗学は大学の頃から学んできたのですが、所属した大学院が社会学専攻であったことから、社会学で博士号を取得することになりました。『遠野物語』で有名な柳田國男によって創始された民俗学は、自己内省の学問と呼ばれ、自分を含めた身の回りの社会や様々な慣習が現在までどのような経緯で形作られてきたのかについて研究する学問です。要するに、自分自身がどうして今ここに存在しているのかという、その歴史的・文化的な背景を研究するのです。

「社会学で博士号を取ったのにどうして民俗学者なの？」と思った方もいらっしゃるかもしれませんが、民俗学も社会学も、基本的には社会の仕組みや人の営み、文化などについて研究する学問という点は共通しています。ともかく理由はいろいろあるのですが、説明を始めると余計なことで紙幅を使ってしまうので、ここでは「そういうこともあるのか」と思っておいてください。

大学時代に米国の同時多発テロが発生しました。その頃から、学問の実践性や社会還元性を特に意識してきたように思います。大学院に進学して以降も、常に頭の片隅にはこのことがありました。

しかし、当時の僕が専攻していた民俗学を学んだところで、直接的に社会に影響力を行使したり、社会の役に立ったりすることはできません。思い返してみると、だからこそ民俗学よりは社会還元性や実践性が高そうな社会学で大学院に進学したのです。

しかし、大学院進学後にすぐに気付きましたが、社会学も社会還元性の高い学問ではありませんでした。大学院に進学して早々にこのことに気付いてしまった僕が、絶望しないために研究対象として選んだのは、「民俗文化」を対象とした文化政策でした。

当時、日本民俗学会では、民俗と政治や行政をめぐる研究がある種のトレンドでもありました。僕自身が求めた「社会に直接的に役に立てる民俗学」の模索と、学会のトレンドがたまたま重なった研究テーマが、文化政策だったのです。

「それ、農業と関係あるの？」と思われる方もいらっしゃるかも知れませんが、この文化政策に関する研究は、後に僕がブランドについて考えていく際の基盤となったものなので、少しだけ当時の民俗学研究に関する事情をお話しさせてください。


「民俗文化財を保護する」ことの根源的矛盾

90年代後半から2000年代前半にかけての民俗学では、民俗文化財行政を通して、「民俗学とは何か」を改めて問う研究が盛んに行なわれていました。文化財保護法で規定されている「民俗文化財」は民俗学の理念と異なるのではないか、民俗学そのものも民俗文化財行政の中に組み込まれることで本来の方向性を見失っているのではないか、との疑義が呈されていたのです。

文化財保護法はその名の通り、文化財を「保護」する法律です。民俗文化財の場合、文化財指定された民俗を「保護」するものです。しかし、民俗に対する保護という考え方が、柳田國男の創始した民俗学の理念と乖離している、と言われるようになっていたのです。

柳田國男は、民俗学の方法論について論じた『民間伝承論』の中で、文化が常に変化するものであることを説いています。例えば次の一節です。

土俗誌家は、キャプテン・クック Captain Cook の時代の太平洋民族の姿をいつまでもその不変の姿とし、白人の刺戟や蛮人同志の影響や又内的な原因による変化を無視し勝ちである。もとより彼等の中に行はれる変化は、文化人のそれよりも遅鈍であつて、目に立つ変化は少ないかも知れないが、変化するのが人間の本性でもある点より考へれば、彼等の生活諸相や一般文化が変革することは争へない。

当時の時代の制約もあって「蛮人」などという言葉も出てきますが、柳田は「人間の生活や文化は変化するものだ」と明確に主張しています。この柳田の考える人々の変化の観点と、「保護」という観点は確かに矛盾しているのです。

例えば、地域のお祭りの際に演じられる芸能を想像してください。天狗やキツネのお面を被った踊りです。民俗学では、このような芸能を「民俗芸能」と呼びます。民俗芸能はお金を貰って演じられるプロの芸能ではないので、人から人への口伝えや身振り手振りを通して伝わっていくことになります。当然、人によって体格も異なるわけですし、うまい下手もある。考え方も違う。衣装などはデザインの流行り廃りもある。だから、民俗芸能は変化を伴うことが当たり前なのです。

民俗学では、昔の田植えの時に使っていた道具や炊事に利用した道具などは「民具」と呼びます。民具は現在の生活には必要ありませんが、昔の人の生活を知るためには重要な資料です。ですから、このようなものを「保護」するべきだという考え方は成立するかもしれません。

しかし、生きている人の営みそのものを「保護」することは元来不可能です。例えば、僕が高校生の頃はモーニング娘。がものすごく流行っていましたが、今ではモーニング娘。はダサいとされます。その後のアイドル業界を席巻したAKB48でさえ既にオワコン（終わったコンテンツ）化しつつある。40近くにもなって未だに反抗期を引きずる僕は、欅坂46の『サイレントマジョリティー』や『ガラスを割れ！』が好きですが（笑）、欅坂46だって5年もしたらオワコン化しているでしょう。むしろオワコンという言葉さえ、既にひと昔前にはやった言葉として終わっているかもしれない。かように文化は変化することが当たり前なのです。

だからこそ、民俗を「保護」するという考え方は、「人々の生活や文化は変化するのだ」とする民俗学の理念とは180度異なるところにあるわけです。むしろ民俗学では、文化が表面的には昔から変わらずに続いているように見えていたとしても、必ず内側には何らかの変化を伴っている、と考えるのです。

民俗文化財を選択するための学問?

もう一度、民俗芸能の事例で考えてみましょう。地域に根付いている芸能は、伝承された民俗文化であるとして、自治体が主催するイベントなどに駆り出される機会がしばしばあります。地域おこしの補助金を貰ったりした場合などはなおさらです。

民俗芸能は本来、信仰と結びついて演じられることがほとんどですから、特定の日時に特定の場所で行なわれるのが当たり前です。だから、イベントに駆り出されて演じさせられる、ということ自体が変化なのです。さらに、イベントに出演するとなったら普段以上に熱心に練習して、その結果、各個人や各家の偏差を伴って伝承されていた型が一つの「正しい」型に収斂させられる、ということも起こるかもしれません。イベントに合わせて新しい衣装を新調しよう、となったら衣装もそこで変わってしまう。

信仰に結びついて演じられていた民俗芸能なら、信仰が廃れればそれに伴って芸能も廃れていくはずです。しかし、仮にその芸能が「文化財」となったらどうでしょう。本来、昔から続いているからこそ文化財に選ばれたものが、文化財になったからこそ続けていこうと、論理が反転するのです。

変化を伴いながらも形式だけは維持しながら続いているお祭りがあるとしたら、なぜ断絶せずに続いてきたのか、どう変化したのか。それを過去から現在にいたるまでのプロセスの中で理解しようとするのが、本来、柳田國男が考えていた民俗学の姿でした。変化することを停止した「伝統」を研究する学問ではなかったということなのです。

しかし、民俗学と言えば漠然と、「昔から変わらない文化を研究している」というイメージがないでしょうか。ほこりをかぶっているかどうかはともかく、「博物館の草履」というイメージです。この民俗学イメージこそ「民俗文化財」によってつくられたものなのです。

いつの間にか民俗学は、地域にある文化を「民俗文化財」として選び出し、文化財保護法によって保護するための学問に変わってしまったのではないか。民俗文化財行政の中に取り込まれてしまったのではないか——。僕が大学院に入学した頃の民俗学では、そのような問題意識に基づいた研究が盛んに行われていました。

このような研究が行われた要因の一つは、民俗学の将来性に陰りが見えてきたことに対する危機感です。長らく研究対象として囲い込んできた、地域的な「伝統」文化や「民俗」文化が消滅しつつあるという背景がありました。現代社会は都市化が進展し、この傾向はますます強まっています。

一般的に流通している「博物館の草履」的な民俗学イメージは、民俗学界内部でも強力な自己規定として流通していたので、当時の研究者たちは危機感を抱いたわけです。そこで、民俗学を、昔から変化しない「伝統」文化や「民俗」文化を研究する学問であるという自己規定から解き放とうとしたのです。

そして、このような民俗学の在り方を問い直そうとする動きの背景にあったのは、「伝統」や「民俗」は、そう遠くない過去に意図的に創られたものであるという学問上の物の見方（理論）でした。これを「創られた伝統（伝統の創造）」と呼びます。この考え方は、そもそもは歴史学由来なのですが、民俗学だけではなく文化人類学などの様々な学問で取り入れられました。

民俗学の将来性がどうなろうと読者の皆さんにはほとんど関係ないわけですが、本章で一番重要なのがこの「創られた伝統」という考え方です。ということで、次にこのことについて説明したいと思います。

寿司の変遷から考える「創られた伝統」

「伝統」というと、通常は「昔から変わらずに続いてきた文化」のようなものをイメージすると思いますから、「創られた伝統」という言葉はやや矛盾しているように聞こえるかも知れません。ずっと昔から続いてきたからこそ「伝統」なのに、そう遠くない過去に意図的に創られたとはどういうことか？　と思われるのが当然です。

これを簡単なエピソードで説明していきたいと思います。あなたの家にアメリカ人のお客さんがホームステイに来たと想像してください。今日の晩御飯は何にするか。せっかくだから、日本の伝統的な食事をして貰おう。だったら寿司だ。寿司と言ったら今やグローバルな日本食の代表格。今こそアメリカ人にカリフォルニアロールなどという

「偽物」ではなく、日本の伝統である「本物の寿司」を教えてやろうじゃないか！

そして、あなたはアメリカ人のお客さんにこう説明するでしょう。「スシ イズ ジャパニーズ トラディッショナル フード」。

では、アメリカ人に食べてもらおうとした「本物の寿司」とは、どういう物でしょうか。恐らく、酢が入ったご飯を小さい俵型に握った上に、生魚の切り身がのっているもののはずです。

しかし、この寿司の形は、とてつもない変化の末にたどり着いたものなのです。ご存知の方もいらっしゃることと思いますが、古来の寿司の形を今でも残しているのは滋賀県のフナズシです。フナズシは、ニゴロブナという琵琶湖のフナを米と一緒に塩漬けして乳酸発酵させた食品です。

魚を米と一緒に塩漬けにして発酵させるというスタイルは、東南アジアに源流があるナレズシという種類の食品と一緒で、古来よりの寿司の姿でした。寿司の酢飯が酸っぱいのは、米が乳酸発酵して酸っぱくなったことが源流なのです。

しかもナレズシは保存食で、大きい魚だと2年間くらい長期発酵させたほうがおいしいとされる食品でした。その後15世紀、室町時代くらいに生ナレズシという形式の寿司が登場したとされます。これはナレズシを長期保存ではなく、数日から1ヶ月程度の期間で乳酸発酵させて食べるという食品でした。保存する日数は短くなりましたが、これでもまだ握りたてを食べるという現在の姿とは異なるものでした。

そもそも、当時のナレズシは発酵してペースト状になったご飯は洗い流して魚だけを食べるという食品で副食、ようするにおかずでした。しかし、現在の寿司はご飯も食べる形に変わっています。主食になっているのです。

それでは、乳酸発酵させたご飯を洗い流さず、ご飯自体も食べるようになったのはいつ頃かというと、さらに時代が下り17世紀末、江戸時代の元禄年間の頃だったとされます。ご飯に酢を入れて、上に塩で味付けした魚をのせて上から重しをのせて翌日くらいに食べるスタイルでした。身近な例だと富山のマス寿司、京都の鯖寿司、奈良や和歌山が有名な柿の葉寿司などと一緒のものです。

現在のような寿司が生まれたのは、幕末の文政年間の頃の江戸であったとされ、当時の文献に記録が残っているそうです。魚を生で食べる刺身の習慣も、この頃に生まれたとされます。この背景には江戸時代中期、庶民の間にも醤油が広まったこともあるのですが、刺身の習慣と醤油の広まりが重なって初めて、現在の寿司の形になったというわけです。

寿司ネタの評価もだいぶ変わりました。電気を利用した冷蔵方法が存在しない当時、寿司ネタは塩漬けしたり、酢で締めたり、煮たり茹でたりすることが一般的でした。煮穴子や酢締めしたコハダ、茹でエビなどがよい例です。マグロも赤身部分が「漬け（ヅケ）」にされて使われていましたが、脂の多いトロはタレを吸わないため寿司ネタとはみなされませんでした。二束三文で売られ、動物の餌にさえされていたと言います。そもそもマグロ自体が主役級の魚ではなく、白身魚のヒラメやタイと比べて「低級の魚」とされていたそうです。

江戸前寿司という言葉があるように、現在の形式の寿司は東京の一地域の食文化でしかありませんでした。茨城県民で大正11年生まれの僕の祖父にとっては、寿司と言えば稲荷寿司だったようで、いわゆる寿司のことは「生ズシ」と呼んでいたくらいです。現在のように日本全国で現在の形の寿司が食されるようになったのは、冷蔵保存技術と物流網の整備が進んだここ数十年の話に過ぎないのです。

恵方巻と七草粥

このような事例は他にもいくらでもあります。恵方巻が、セブン‐イレブンによって全国展開されて以降、あたかも節分に毎年行われる日本の伝統のごとく扱われるようになったのは比較的有名でしょう。恵方巻の習慣は関西地方などに限定されたものでしたが、それすらも古来よりの伝統などではないようです。大阪の寿司業界が、土用の丑の日のうなぎに対抗できるような商品を作ろうともくろみ、当時は廃れていた巻き寿司の慣習を1940年代頃に復活させようとして宣伝を打っていた、という報告が民俗学者の岩﨑竹彦氏によってなされています。

もう一つ、僕が少し前から注目しているのは七草粥です。この七草粥、1月7日の朝に食べる伝統食の行事とされますが、子供の頃の僕は食べたことがありませんでした。セリやスズシロ（大根）、スズナ（カブ）などはお店でも普通に売っていますが、ゴギョウやホトケノザなどは普通は手に入りません。しかし、僕が20代半ばになった頃、野口家の1月7日の朝の食卓に突如として現れました。なぜか。それはスーパーで春の七草粥セットが販売され始めたからです。それまで一度たりとも七草粥など作ったことがなかった母が、「日本の伝統だから」という理由でスーパーの七草粥セットで作った七草粥を食卓に出して来た時には笑ってしまいました。

「伝統」は、文化財保護法のような政治・行政的な要因、あるいは商業的な理由によって、新たに創られ続けているということです。そしてもちろん、「伝統」と同じく昔から続いているというニュアンスで流通している「民俗」も、事情は一緒です。「伝統」や「民俗」をこのように捉える視点を得たことで、文化財保護法によって「伝統」が再創造され続けていることに加え、民俗学がその作業に加担してきたということも見えるようになったわけです。

研究所での研究補助

さて、民俗学において、民俗文化財行政に端を発する「伝統」や「民俗」の創造をめぐる議論は、農業政策にも及ぶようになりました。1961年に制定された農業基本法が歴史的な役割を終え、1999年に食料・農業・農村基本法が制定されると、農業政策においても農村の持つ「伝統」や「文化」などが政策の対象となったからです。

文化政策について研究をしている上に農家出身でもある僕が、この課題に関心を持ち始めるのは必然の流れでした。農業の現状に問題意識を持っていた僕にとって、「創られた伝統」をそのまま温存させるような考え方が農業に持ち込まれることに危機感を抱いたのです。

僕は、このことについて日本民俗学会で研究発表を行うことになりました。この時に知り合ったのが、農業系の国立研究所に勤務していた民俗学者の山下裕作さん（現在は熊本大学教授）でした。この研究所は茨城県つくば市にあったこともあり、近くに住んでいた僕は、この研究所に研究補助のアルバイトとして通うことになりました。

ただ、山下さんは「伝統が創られている」という議論が農業政策にまで持ち込まれることに対して批判的でした。民俗文化財行政批判に端を発するこの議論が、ポピュリズム的な行政・政策批判に陥っていることを問題視するとともに、従来型の民俗学にも大いに可能性を見いだしていたからでした。

後に彼は、従来型の「民俗」を掘り起こす民俗調査が、中山間地域の振興に役に立つのだとする理論と方法論をまとめた『実践の民俗学――現代日本の中山間地域問題と「農村伝承」』という素晴らしい本を公刊しました。民俗学を通した実践や地域還元の可能性を模索していた僕にとって、山下さんの研究は画期的でした。

しかし、僕とは決定的な違いがありました。山下さんが農村や農業に地域振興に利用できるような可能性を見いだし、それを「民俗」としてすくい上げていることに、我慢がならなかったのです。農村や農業にマイナスイメージしか抱いていなかった当時の僕にとって、農村の中に農村振興の役に立つ何かがあるなどという考え方は、到底受け入れられるものではありませんでした。農村の発展を邪魔するような従来型の「伝統」や「民俗」は徹底的につぶしていくべきだ、というのが僕の考え方だったからです。

今でも反抗的な僕は、当時はさらに喧嘩っ早かったこともあり、ことあるごとに山下さんにかみつき、とうとう研究所をクビになってしまいました。現在は山下さんと仲直りしていますが、当時を振り返ると「申し訳ない」としか言えません。

しかし、捨てる神あれば拾う神あり。僕は、同じ研究室にいた唐崎卓也さんという別の研究者からこの研究所に呼び戻され、再び研究補助のアルバイトに従事することになりました。そこで唐崎さんから与えられた業務は、資料まとめと文献の整理でした。

そこで僕は、農産物直売所についての膨大な研究と出会ったのです。来る日も来る日も農産物直売所についての論文を読み漁りました。そこに書かれていたのは農産物直売所の持つ様々な「可能性」でした。

一番多かったのは、農産物直売所が女性や高齢者の経済的な自立や精神的な自立、やり甲斐につながるといった論文だったように思います。農産物直売所が都市と農村の交流につながると主張する論文、地域経済の活性化や地域おこしにつながると主張する論文も無数にありました。

中には、農産物直売所のおかげで高齢者が元気になり、病院に行く回数が減ったり、医療費が下がるなど農村医療にまで言及する論文もありました。経済的な問題を解消したり、今後の可能性を拓いたりする活動であるとして大いに期待する論文も数多くありました。

「本当はそんなもんじゃねぇ！　色々あんだ！」

山下さんとは異なる地域振興の可能性を模索していた僕は、当初、この農産物直売所の持つ様々な「可能性」に喜び勇んだことを覚えています。そして、僕の母も農産物直売所の活動を行っていたことから、母たちの活動の場にも民俗学の調査として赴くことになります。

母たちの活動には、確かに数多くの論文で書かれていたような側面が見受けられました。僕も母たちの活動に農業の「可能性」を見いだし、それらの論文と同じような論調の論文を書こうとしました。実際に母たちは農産物直売所での活動を「遅い青春」であると表現したり、「とても楽しい」と表現したりしたからです。

しかし、今でも忘れられませんが、母に「農産物直売所での活動は楽しく、趣味みたいなものなのではないか」という問いかけをしたら、全く違う答えが返ってきたのです。

「本当はそんなもんじゃねぇ！　本当は趣味なんかでやってるわけじゃねぇんだ！　やりたぐない時だって、やるしかねぇんだ！　おめぇーにはわがんねーがもしんねーげど、色々あんだ！」

たまたま母の機嫌が悪かったのかもしれませんが、母はこのように怒りました。そこで僕ははたと気づいたのです。「遅い青春」や「楽しみ」の背景には、夕飯の後にまで野菜の袋詰めをしていた母の姿があったことを。

これをきっかけに、僕は、農産物直売所が持つ問題性に気づくと共に、学問の持つ社会的影響力の問題性にも気づきました。

農業に関わる研究を真正面から行っている学問は農学と言いますが、農学は政治や行政の行う農業政策のエビデンスとしての役割を担っているので、社会的な影響力があるのは当然です。

また、農学のように直接的に農業政策に関わることのない民俗学や社会学の研究であっても、間接的に社会に対する影響力を持ち得ます。民俗学者や社会学者は、農業や農村に関したことを大学の授業で語ったり、本や論文に書いたりするわけです。それを学んだ学生たちは、農村や農業に対する一定のものの見方や考え方を身に付けます。彼等がテレビ局に就職したり、雑誌記者になったりしたらどうでしょう。

マスコミに就職しなくても、農村や農業に対するものの見方を学習して社会に出ていくわけですから、結果として、どのような学問であっても社会に影響は及ぼし得る。そのような意味で、批判的な視点で物事を捉えることができる民俗学や社会学の社会還元性はむしろ高いのではないか、とさえ考えました。

旅番組などでは、農産物直売所はしばしば肯定的に描かれています。農村や農業の中に現代人や都会人の忘れてしまった「伝統」や「民俗」を見いだし、それらを美しく描き出そうとするテレビ番組も多くあるかと思います。

しかし、農村に生まれ農業を営む両親に育てられた僕は、実際の農業がそんなに甘いものではないことを重々承知しています。一時は農産物直売所で元気になる女性たちを描いた研究論文に感化されそうになったわけですが、その問題性に気付いて以来、表面的な農村・農業賛美に対しては一貫して批判的な立場をとってきました。

レンコンはなぜ大衆化したのか

特に、3年間の就農経験で、農業と農村の問題を身にしみて実感することになりました。

恥ずかしながら、僕は一度離婚を経験しています。一度目の結婚は大学院博士後期課程に在学中のこと。学生で稼ぐ手段もない僕は、両親が営むレンコン生産農業を手伝うことにしました。もちろん、その頃はレンコンのブランド化など考えることもなく、父に言われるままにレンコン生産農業に従事しました。

そもそも、皆さんにとってレンコンとはどのような野菜でしょうか？　おそらく「その辺のスーパーでどこでも売っている野菜」という感じで、高級野菜だと認識している人はほとんどいないのではないでしょうか？

しかし、かつてレンコンは高級野菜の代名詞でした。高級会席料理や高級弁当には必ずレンコンが入っていました。高級野菜イメージが剝げた理由はいくつもあるため一概には言えませんが、いちばん大きな理由は、減反政策以降のレンコン生産面積の飛躍的な拡大です。

茨城県は日本一のレンコン生産地ですが、1960年には310ヘクタールであった生産面積が80年代になると突如1900ヘクタールにまで拡大します（手塚章「霞ヶ浦湖岸低地における蓮根栽培の展開」より）。その最大の要因はもちろん、70年に始まった減反政策です。これまで米を生産していた農家が、わずか20年間に一挙にレンコン生産農業へと舵を切ったのです。

生産農家が増えたことによって、レンコン生産技術は向上していきました。耐病性に優れ、収穫量の多い品種も開発されていきました。この結果、生産量はますます拡大していきます。また、別の野菜の例でも示しましたが、美味しい野菜とは大抵が病虫害などに弱い品種です。耐病性に優れてたくさん収穫することができる野菜は、「食味が悪い」という致命的な欠点を持っています。端的に言って、「レンコンの味が落ちた」わけです。

このような農家側の問題だけでなく、バブル崩壊以降に高級料理店が減って、高級食材の需要が激減したことも、大衆化の大きな要因の一つです。レンコン農家の間では、「人の金で飯を食う人が少なくなって以降は儲からなくなった」というような話をよく聞きます。また、生活環境や労働環境の変化によって、自宅で手間のかかる料理を作らなくなったこともあります。生のレンコンの皮をむいて切る作業が面倒と捉えられるようになったのです。

加えて、家庭食の洋食化の問題もあります。レンコンはトマトスープなどにも用いられることがありますが、基本的には和食の食材として認識されているので、使われる機会が減りました。そもそもトマトスープの中に入る食材になってしまったことが、レンコンの大衆化を象徴しています。

こうした状況で、農家はどのように収入を維持しようと考えたのか。まずは生産性の向上です。肥料の改良や機械の導入をはじめとした生産技術の向上、収穫量の多い品種の導入、1農家当たりの生産面積の拡大です。結果として、レンコンはますます大衆化していくことになります。

そこで農家は、「規格の中で許される限界」を探るようになりました。裏側の傷は目立たないから上位の等級とする。少しくらいの凹みは見てみないふりをする。品質検査の担当者が錯覚するように美しく箱詰めする。出荷場に荷物を積むときに、品質検査の対象となる上の方の箱にだけ形の美しいレンコンを積んでおく。結果がどうなったかは言うまでもありません。レンコンの大衆化に拍車がかかっただけでした。

最終的に、レンコン農家に残された道は、「台風の到来を待つ」だけになりました。農産物は、市場での取引が大半を占めるため、供給量が需要を圧倒的に超えると価格は暴落します。昨年は1箱2000円した農産物が今年は1000円でも売れない、といったことが当たり前にあるのです。だから、他の生産地に台風が来て収穫ができなくなったりすれば、願ったり叶ったりなのです。現在、レンコンの国内生産量の第一位は茨城県、第二位は徳島県ですが、徳島の農家は茨城に台風が来ることを、茨城の農家は徳島に台風が来ることを、それぞれ願っているわけです。

「野口君、中国行ってレンコン1本1万円で売ってきなさい」

規格の限界を探ること、そして台風を待つこと。そこに、仕事に対する矜持は何一つありません。社会の側は、農業に対して「やり甲斐搾取」を強要してくるわけですが、仕事に対する矜持を失い、利益も得られない農家の現場にあるのは「単なる搾取」です。

農家が仕事に対するやり甲斐と矜持を取り戻し、利益も確保できるようにするにはどうしたらいいのか。民俗学者として、レンコン生産農家として、僕はそのような問題意識に苛まれていました。

そのような折、現代民俗学会という学会の懇親会で、こんな言葉をかけられました。

「野口君、中国行ってレンコン1本1万円で売ってきなさい」

民俗学者であった元九州女子大学教授の牛島史彦先生の言葉です。どういうきっかけで牛島先生の口からこの言葉が出たのかは忘れてしまいましたが、後に牛島先生はこのように語ります。

「私は日ごろから、例えば、何ヶ月もかけたニンジンを雨風の畑でひっこぬいて、葉っぱを落として水洗して、ビニールに入れて結わえて。そこまでして小売りが58円とか、『やってらんねぇなぁ』と義憤にかられていました。貧乏なので安いのは結構だけど……。その義憤でね、働く人のやる気が出るような、1本1万ってあれば良いなぁと思ってました」

レンコン農家の息子であることを知っていた牛島先生なりの激励の言葉だったのです。ただ、当時の僕は、「このジジイ、どうせ口から出まかせで適当なこと言ったに違いない」と思っていました（笑）。牛島先生には日ごろから大変お世話になっているのにもかかわらず、ごめんなさい。

当時の僕は、敵と味方の区別すらできないくらいにやさぐれていましたが、だからこそ「やってやろうじゃねーか！」と、本気で努力することになったのです。

そうは言っても「1本1万円はいくらなんでも高いんじゃないか」、そして「いきなり輸出ってのはどう考えても無理があるだろう」と考えました。そもそも輸出するための方法も分かりません。そこで、「まずは国内で5000円で売ってみようかな」と考えたのが、「1本5000円レンコン」の始まりでした。

「牛の皮」はどうして300万円で売れるのか

ただ、1本の小売り価格がせいぜい1000円程度のレンコンを、5倍の価格で販売するには、何かしらの「飛躍」がなければ難しい。そこで考えたのが、レンコンのブランド化でした。

読者の皆さんも、「エルメス」というフランスのハイエンドブランドはご存知かと思います。小見出しの「牛の皮」とは、エルメスの代名詞であるバッグ「バーキン」のことです。

バーキンだって、原価で言えば恐らく1万円の鞄とそれほど変わらないと思うのです。エルメスの扱う「牛の皮」は、エルメスの鞄用に育てた特別の牛のものかもしれませんが、仮にそうだとしてもしょせんは「牛の皮」です。バーキンにはクロコダイル、つまり「ワニの皮」で作られているものもあるようで、ワニはそこら中にいるわけではありませんから「牛の皮」よりは原価が高いかもしれませんが、300万円という小売りの値段に比べれば大した違いではないでしょう。

当然のことですが、「牛の皮」でも「ワニの皮」でも原価と製造コストだけで鞄が300万円もすることはあり得ません。それではなぜエルメスの売る鞄はこんなにも高いのか。その理由は、ジャン・ボードリヤールというフランスの社会学者の著書『消費社会の神話と構造』が教えてくれました。

ボードリヤールはこのように述べています。

人びとは決してモノ自体を（その使用価値において）消費することはない。――理想的な準拠としてとらえられた自己の集団への所属を示すために、あるいはより高い地位の集団をめざして自己の集団から抜けだすために、人びとは自分を他者と区別する記号として（最も広い意味での）モノを常に操作している。

やや小難しい表現になっていますが、要するに人は大きさや機能性だけでバッグを選ぶわけではない、ということです。機能性だけなら、バーキンよりも3000円のユニクロのビジネスバッグの方が圧倒的に上のはずです。モノが持つ機能性や有用性、ボードリヤールの言う「使用価値」で考えれば、エルメスのバーキンがユニクロのバッグより勝る点はほとんどないはずなのです。

それでは、この圧倒的な価格差は何に由来するのでしょうか？　それが2倍や、せいぜい10倍程度ならまだしも、1000倍なのです。その理由は、エルメスのバーキンには原価と製造コスト以外の何らかの価値が付与されているからです。それがボードリヤールの言う「記号」です。

人は、「使用価値」でのみモノの価値を決めるのではなく、そのモノが持つイメージなどの「記号」からモノの価値を判断しています。そしてエルメスには、ハイセンス、成功者、お金持ち、上流階級などの記号が貼り付いています。我々はその「記号」に価値を見いだすからこそ、「単なる牛の皮」が300万円で売れるのです。

「1000年の歴史がない農業が存在しますか」

そして僕は、レンコンにエルメスのような高い経済的価値を生み出す記号を貼り付けられないかと考えました。

もちろん、これまでも農産物をブランド化しようという動きはありました。しかし、従来の農産物ブランドは品種名や糖度などの「使用価値」で計られるものばかり。分かりやすいのはイチゴです。イチゴの有名な品種に「とちおとめ」があります。栃木県がブランド化しようとしたイチゴなのですが、これは品種で区切っています。また、「糖度15度以上」「ビタミンCが通常の○倍」などというのも一種のブランドでしょうが、品種の違いや糖度のような品質証明に頼っている限り、「使用価値」の呪縛からは抜けられません。栄養素の優位性などをうたったところで、「だったらサプリを飲めばいいじゃん」と言われたらそれまでです。

エルメスが高くても売れているのは、「超高級であることを消費者に納得させられるような記号」があるからです。だったらレンコンにも「高級であることを消費者に納得させられるような記号」を付与しなければならない。それは何なのか……。

ヒントを得たのは、現代民俗学会での懇親会での出来事でした。僕は、とある3人とテーブルを囲んでいました。そこでの話題は、学会のシンポジウムで議題となっていた九州での地域振興についての延長戦でした。

僕は、地域振興の方法として、1杯100円程度の甘酒を1杯1000円で売る方法を考えようと提案しました。もちろん、1本5000円レンコンからの発想です。これに対して、同じテーブルに座っていた3人のうちの1人、九州出身の大学院生で、件の研究所で一緒にアルバイトしていた経験のある友人の松岡薫さんがこのように言いました。

「野口さん、ラーメンでさえ300円で売ってるんですよ。原価考えてください。甘酒1000円で売るなんて絶対無理ですよ」

当時、レンコン1本を5000円で売るための方法を考えていた僕は、松岡さんと「できる、できない」と言い合いになりました。そこで僕は、エルメスが「牛の皮」を

３００万円で売っている話をこの場に持ち出したのです。

「エルメスはただの牛の皮を３００万で売ってるじゃないですか」

これに対して、３人の内のもう１人、僕の隣にいた出版社の社長は、このように反論してきました。

「それはエルメスには歴史があるからですよ」

しかし、歴史がない農業があるでしょうか？

文化の英訳である「culture」の語源が「耕す」を意味するラテン語の「colere」に由来することは有名です。言ってみれば、農業は人間の文化や歴史そのものです。そこで僕はこのように反論し直しました。

「１０００年の歴史がない農業が存在しますか？　今まで誰もそういう販売方法を検討してこなかっただけですよ」

「それは（最終的な責任を負わない）副社長の考え方ですよ」

出版社の社長からは改めてこのような反論が返ってきました。結局、そのことを契機にその場は白けてしまい、その話は終わりました。

しかし僕は、この時に着想を得たのです。「そうだ、『伝統の創造』だ！」と。

大正15年創業という「伝統」

家に帰った僕は翌日、家族に「伝統」路線を提案しました。「老舗」路線で記号化を図ろうと。エルメスには歴史があるから300万円で「牛の皮」が売れるのであれば、1000年の歴史がある農業もそのことを積極的に語れば良いのではないか、と考えたのです。

そこで思い立ったのが「大正15年創業」でした。大正11年生まれの僕の祖父は、「オラが生まれるめぇから親父がレンコン作ってたんだ」とか、「オラが学校入るめぇの正月に、親父が作ったレンコンを食ったんだ」などと語っていました。

そこから昭和元年でもある大正15年としたのは、大正14年や13年よりも語感が良いとか、祖父がレンコンを食べたというのが正月だからという発想です。ともかく、祖父の記憶によれば、僕の曾祖父の代である大正年間には既にレンコンを生産していたということなのです。

ただ、祖先が江戸時代から現在の住所に住み続けていたことは、お寺の記録で既に分かっていました。武士でもなかった先祖が農業を全くしないで生活を営むことができたとは思えませんから、江戸時代創業でも間違いとは言えない。だから、父親には「天保元年創業にしよう」と提案したのですが、本気で反対されました。

ここまで来ると大体お分かりかと思いますが、野口農園が「老舗」だなんていうのは、はっきり言ってほとんどでたらめです。少なくとも曾祖父が携わっていた当時のレンコン生産農業は、老舗などと胸を張って語れるようなものではありませんでした。現在、僕の発想が独り歩きを始めて、「何代目ですか?」などと聞かれることが多くなりましたが、レンコン生産農業者としての先祖の営みは、もったいぶって三代目だとか四代目とか威張れるような御大層なものではありませんでした。

ともかく僕は、学者やマスコミなど農業とは直接関わりのない人たちに農村や農業の「伝統」や「民俗」が好き勝手に操作されているのに我慢がならなかったのです。だからこそ、農村出身で農業に関わる自分自身で、「伝統」や「民俗」を積極的に操作してはどうだろうか、と考えたのです。

第三章　物の売れる理由を考える

徒手空拳での挑戦

僕は研究と農業という二つの軸足をもって活動をしています。ですから、研究と農業についての経験や知識はあります。しかし、売れる商品を作る為の企画の立て方や営業ノウハウについて学んだ経験はもちろん、普通の会社勤めの経験すら一切ありません。アルバイトの経験だって、昔から料理が好きだったことから居酒屋とファミレス、そして家庭教師ぐらいです。ビジネスに関する知識も一切ありませんでした。

それでは、どのようにして1本5000円レンコンをバカ売れするような商材に成長させていったのか。それは、僕が「物の売れる理由」を真剣に考え、それを愚直に追求していったからに他なりません。第三章では、この経験について語りたいと思います。

お歳暮を意識した価格設定と松竹梅戦略

牛島先生の言葉と「伝統の創造」をもとに、1本5000円レンコンを思いついたからと言って、いつも出荷をしているJA向けのレンコンと全く同じでは、高く売れるわけがありません。そこで、手始めにオリジナルの箱を作ることにしました。

まず、近くの資材屋さんに出かけて、オリジナル箱がデザイン費込みでどの程度の価格で作製することができるのかを教えて貰い、実現可能な金額であることを確認しました。2013年の春のことです。

値段が値段ですから、見栄えのする箱でなければなりません。普通の段ボール箱ではなく豪華な化粧箱にしなければならないと考えました。そこで「大正15年創業」のイメージからテーマを和モダンとし、妹に箱のデザインの下案を作って貰いました。そして幾度かの打ち合わせの末、デザインを決めました。

かなり高価な価格設定なので、基本的に1本5000円レンコンはお歳暮などのギフト専用であろうと考えました。また、1本5000円は高すぎでも、お歳暮向けなら通常よりも高い価格設定のレンコンの需要もあるのではないか、とも考えました。

しかし、一般的にギフトはお歳暮など特定の時期しか需要がありません。色々な箱を作り過ぎると、その分デザイン料や型代を取られますし、置いておく場所にも困ります。そこで、ギフトなどの需要に加え量販店や飲食店などの需要も考え、両方のシーンで活用できるような高級感のある黒塗りの一般箱も作ることにしました。これには、影響力のある高級料理店に使ってもらい、それをテコに1本5000円レンコンを販売しようという目論見もありました。料理人や量販店では、化粧箱は必要ありません。

一般箱は4キロと2キロの2種類としました。4キロの箱はJAなどを中心とした茨城県の規格に合わせました。小売り価格は1本5000円レンコンと同じく5000円と設定しました。理由は常識的なお歳暮の価格に合わせたからです。一般的にお歳暮は3000円~5000円程度が常識的な相場です。量が多いからと言って7000円ではなかなか売れないだろうと直感しました。だからと言って、3000円では5000円のお歳暮のお返しには使えない。5000円のお歳暮のお返しは常識的には5000円です。安過ぎず、高すぎず。絶妙なバランスなのが5000円という値段だと考えたのです。

2キロの箱を作った理由は、ギフトの主力は2キロになるのではないかと想定したからです。最近は夫婦に子供1人というような核家族が当たり前です。お歳暮でレンコンを4キロも貰っても食べきれません。食べきれずに腐らせて捨てたり、お裾分けされたりしているようでは、ありがたみがなくなります。このことは昔、両親がレンコンに加えて梨を作っていた時に、毎年お裾分けされていた従兄妹の言葉からも連想しました。「子供の頃、梨は貰って食べるもので、買って食べるものだと思わなかった」。2キロの価格は単純に半分にはせずに、3500円としました。

さらに、夏場は発泡スチロールの箱に氷を入れて出荷していましたので、夏用の発泡スチロール箱も作製しました。ただ、基本的にはギフトを対象に考えていたこともあり、作ったのは2キロの箱だけ。価格は4000円としました。発泡スチロール箱が段ボール箱よりコストがかかること、製氷機を毎日稼働させるためのランニングコストなどから、段ボール箱2キロの価格より500円高く設定したのです。

結局、1本5000円レンコン用の化粧箱、4キロと2キロの段ボール箱、2キロの発泡スチロール箱の4種類を作りました。それぞれの価格間の関係から、1本5000円レンコンは象徴的な商品になるのではないかと考えました。4キロ5000円にしても2キロ3500円にしても、一般的に販売されているレンコンよりはかなり高いのです。1本5000円レンコンの利益率はJA出荷のものと比べて5倍程度と飛びぬけて高いのですが、一般箱の4キロや2キロのものでも利益率は2倍以上です。

普通に考えれば、利益率2倍のレンコンを売ることだって並大抵のことではありません。そこで参照したのが、鰻屋の価格設定である「松竹梅」です。松は高過ぎて注文できないが梅を注文するのは貧乏くさい、だから普通の人は竹を注文する、という消費者心理です。

竹を注文してもらうためにも松を作っておく必要がある。その松こそ1本5000円レンコンではないかと考えたのです。竹は、その他全ての一般箱。梅は野口農園のレンコンでは等級の下がるもの、あるいは一般的に流通しているレンコンという考え方です。

最終的に、これらの箱の作製には200万円以上かかりましたが、これは将来性を見込んだ母親が投資してくれました。野口農園は2008年に法人化したこともあり、母も独自の販路を持ちたいと考えていました。

僕の妹が地元のスーパーマーケットの社員を辞め、茨城県の農業大学校で農業を学んだ後に、2013年から野口農園で働いていたのも母親を後押ししました。ただ父親は、これまでの農産物流通の常識から、はなから「無理だ」と言って全く取り合ってもらえませんでした。

アジア最大級の食品展示商談会に出展

野口農園専用の箱は作ったものの、それだけで売れるわけではありません。何とか売れる方法を考えるしかありませんでしたが、僕には青果市場に出荷しようという考えは最初からありませんでした。どうせやるなら中間マージンをできる限り取り払った形での直接契約しかないと考えていました。

青果市場に出荷する場合、一定期間に必要な作物を大量に供給し続けることができるということが極めて重要です。個人や小規模な法人レベルでは必要な時に必要な数を安定的に出荷することができないため、安値で買いたたかれてしまうのが常識なのです。

そこで僕が狙いを付けたのが、食品専門の展示商談会でした。展示商談会とは、多くの企業が展示会場に新製品などを持ち寄り、そこに訪れるバイヤーなどと商談を行う催しです。関東であれば、大規模な催しは幕張メッセや東京ビッグサイトなどの大型展示場で開催されています。

出展を検討したのは、毎年3月に開催されているアジア最大級の国際的な食品・飲料展示商談会の「国際食品・飲料展　ＦＯＯＤＥＸ ＪＡＰＡＮ ２０１４」でした。どうせお金を払って出るなら、最大規模のイベントの方が効果が高いのではないかと考え、すぐに応募しました。

当初、この展示会の準備は妹を中心に行うことになっていました。2012年3月に博士号を取得し東京都に引っ越していた僕は、母校で助手として勤務していたため、側面支援に止めるつもりでした。しかし、妹は途中で引きこもり状態に陥り、この事業に取り組めなくなりました。父親は箱の作製だけでなく、「国際食品・飲料展　FOODEX JAPAN 2014」への出展にも反対でした。この展示商談会は出展費用だけで40万円程度かかるからです。費用の問題もありますが、根本的には新しい試みに対してはなんでも否定的だったのでしょう。

新しい試みの全てに反対し、「どうせ売れないのに金の無駄だ！」と毎日のように文句を言い続ける父親からの圧力に耐え兼ね、妹は徹底的に落ち込んでしまいました。母親から、「妹が引きこもってしまって部屋から出てこようとしない」と連絡を受けた僕は実家にとんぼ返り。実家に帰った僕は、妹を励まそうとしましたが、方法を間違えました。

アホみたいな話ですが、僕は30を過ぎてから尾崎豊に目覚めてしまい、無免疫状態で罹患した「中二病」を重症化させ、真夜中に『15の夜』を聞きながら論文を書いていたほどでした（笑）。落ち込む妹に『15の夜』を聞かせましたが、全くの逆効果。妹は「盗んだバイクで走り出す」どころか泣いてばかりで、引きこもりからの『卒業』はできませんでした。結局、激務を極める研究と助手としての勤務の合間を縫って、僕が「国際食品・飲料展　FOODEX JAPAN 2014」の準備を一手に引き受けることになりました。

慣れない申請書類の準備は大変でした。零細事業者として、事務局に問い合わせの電話をかけることさえはばかられました。「零細企業で農業のくせして何度も電話して来るんじゃねーよ、めんどくせーな！」という、担当者の心の声さえ聞こえてきました。もちろん僕の妄想です。しかし、何一つわからない僕は何度も事務局に問い合わせするしかありませんでした。

費用は出展費用だけではありません。試食提供のための電気工事費や調理用のシンクの設置費、水道設備の工事費、照明の設置費、展示台等々のレンタル費、調理用具や消耗品などの購入費等々。必要な経費を全て計上すると、合計で150万円程度になりました。

それだけではありません。営業経験の全くない僕も、商品パンフレットぐらいはなければ商品は売れないのではないかと考えました。そこでパンフレットを作ろうと考えたのですが、そう簡単ではありません。印刷だけではなく、箱詰めしたレンコンの撮影に加えて、料理人を探してサンプルとなる料理を作って貰って撮影するなど、クリアしなければならない問題は山積していました。

当然ですが、パンフレット以外の諸々の準備でも費用はさらに嵩んでいきます。名刺も作らなければなりませんが、名刺にはロゴも必要です。当日の交通費、アルバイト費用、光熱費や水道代等々、費用は当初の予定を大幅に超え、結局、全ての費用を合計すると、母親からの投資額は500万円近くまで膨れ上がりました。

父親は相変わらずの「どうせ無理だ！」の一点張り。「人は安いものを買いたいんだ。高いものなんて絶対に売れない」とも。僕が実家に帰るたびに怒鳴り合いです。ずっと「私の金なんだからあんたにはガタガタ言わせねーよ！」とかばってくれていた母親からも、「これは私の老後の費用だから」と強く念を押されました。

しかし、準備作業が大変ではあったものの、当時の僕には、「うまくいく」という確信以外ありませんでした。1本5000円レンコンはとても見栄えよく仕上がったから

化粧箱に入った１本5000円のレンコン

です（前ページの写真）。失敗するという可能性すら想像していない僕は、「失敗するわけがない」「絶対に契約は取れる」と断言し、父親の反対を全て押しのけ、母親の心配も振り切りました。まさに尾崎豊メンタリティ全開です。

全ての準備を整え、何とか「国際食品・飲料展　ＦＯＯＤＥＸ　ＪＡＰＡＮ　２０１４」の出展にまでこぎつけました。

１本も売れなかった「１本５０００円レンコン」

こうして１本５０００円レンコンの企画を実現させた僕は、野口農園の売り上げを年商１００億円にまで押し上げ、役員手当で年収10億円、無人島を購入して毎日遊んで暮らしましたとさ……というのはただの妄想で終わりました。実は、「１本５０００円レンコン」はただの１本も売れなかったのです。

もちろん、展示会開催期間である４日間、何とか妹も励まして来て貰い、全力を尽くして試食を提供しました。とても美味しいから是非とも使ってみたいという料理店はもちろん、アッパー向けの商材として面白いのではないかという話はいくつもありました。「これは本物だ！」と言って勝手に３０００円を支払い、「規定で販売は禁止されているためダメです」といくら伝えても、中国人らしい強引さで4キロ箱のサンプルを持ち帰ってしまった超有名高級中華料理店の女性オーナーとも出会いました。権威のある料理研究家と知り合って野口農園のレンコンのファンになっていただいたりもしました。

　しかし、1本5000円レンコンは1本も売れませんでした。それどころか、「竹レンコン」として作ったギフト用、業務用兼用のレンコンもほとんどまともな契約にはつながらなかったのです。当時の僕は、興味を持ってくれたバイヤーの「5000円は上代ですか、下代ですか」との質問の意味さえ分かりませんでした。「何や、そんなことも分からんのか。『上代』は小売り価格、『下代』は仕入れ価格とか卸価格のことやで」。恥を忍んで近くのブースに出展していた方に質問して、呆れられました。

　ただ、開催期間後、ごくごく少量ではありますが、京都にある高級スーパーに4キロ箱を毎週数箱程度納品させて貰えることにはなりました。しかし、1週間に数箱程度では、売り上げに影響するようなレベルではありません。僕はこれが大河の一滴になればと願いましたが、数箱程度の作業に手間を割くことに対し、父親は「余計な手間を増やしやがって！」と、ますます激怒しました。

　展示会の記憶はどんどん薄れてしまうため、開催期間後1ヶ月くらいが勝負であることは分かっていました。しかし、東京に住んでいる僕は、かかってくる電話を受けることはもちろん、助手の仕事があったため積極的に営業をすることもできませんでした。立ち直ったばかりの妹は、名刺交換した相手に電話をかけることができません。むしろかかってきた電話にすらまともに対応できませんでした。そもそも人見知りの妹は営業に向いているタイプではなかったのです。忙しさを縫って何度も実家に帰りましたが、父親には帰るたびに「おめーの言うことは全く信用できない！」と怒鳴られました。もちろん「うるせー！」と怒鳴り返しつつも、責任は強く感じていました。

ある日、忙しい中で電話をかけ、興味を持って貰っていた都内の老舗焼き鳥店に営業に出かけましたが、結局、契約にはつながりませんでした。ただ、事前にサンプルを送っておいたため、当日はサンプル代の代わりとしての意味合いもあったのか、お店で料理をふるまってもらいました。

一縷の望みにかけていた僕は、日本酒を勧められるだけ飲みました。「良い鶏はどこを食っても美味いんだよ」と勧められ、鶏のレバーを生まれて初めて食べました。鶏刺しも食べました。僕はそんなに酒に強い方ではないため、実は日本酒は得意ではありません。本当は、鶏肉も好きではありませんでした。

千鳥足で東京にあったアパートまで帰った僕は、トイレに駆け込み全てをリバース。当時の妻に管を巻き、そのまま布団に倒れ込みましたが、結婚祝いに貰ったノリタケのペアカップが目の前に飛んできました。

結局、大金を使って出展した「国際食品・飲料展　FOODEX JAPAN 2014」では、大きなビジネスにつながることはありませんでした。

助手を退職して背水の陣

助手の任期は2015年の春までで、任期切れはすぐに迫っていました。そして離婚。今の妻との出会い。仕事のなくなる僕にとって、次の生活を一から始めるための道は、実家に帰る以外にありませんでした。

しかし、500万円も投資させて1本もレンコンを売れなかった僕が、そうそう気安く実家に戻れるはずがありません。「老後の資金」を使わせてしまった母親からは「おめぇ、甘えてんじゃねーよ、2度とうちの敷居はまたがせない」と言われました。『15の夜』の恨みなのか、妹からは無言の圧力を感じました。あれだけうるさかった父親は逆に何も言いませんでした。

何とか母校で有給研究員の職を得、研究者としての将来を確保し、実家に帰るための理由は見つけました。しかし、それでも母親の「老後の資金」を使わせてしまった責任が頭をもたげます。しかも、僕の母はリウマチ。母にとっての「老後の資金」の重みは分かるつもりです。

研究員の月給だけでは、新しい生活を構想するには不十分でした。僕の苦衷を察し、それでも少しだけでも給与を支払ってくれると言った母の手前、何としてでも1本5000円レンコンを販売しなければなりません。

しかし、何か新しい仕掛けを作らないと、1本5000円レンコンはもちろん、その他のレンコンも売れることはないだろうと考えていました。待っていても何も始まりません。

独自の「営業」をはじめる

そこで考えたのは、都内のマルシェへの出展、物販・調理販売が可能なイベントへの出展、そして身の丈に合った価格設定の展示商談会への出展でした。それぞれ、「ファーマーズ&キッズフェスタ」、「YEBISUマルシェ」、そして「国産農産物・展示商

談会　アグリフードＥＸＰＯ東京」です。

いくら良い商品であっても、誰にも全く知られていない状態では売れないのは当たり前。野口農園のホームページには全ての商品ラインナップを登録していましたが、お中元もお歳暮もほとんど売れませんでした。当然です。ホームページへのアクセス自体がほとんどなかったのですから。

しかし、商品の広報は、そう簡単な話ではありません。既にお金はかけるだけかけてしまった。効果の分からない雑誌の広告にお金を使うつもりはそもそもないし、ホームページへのアクセス数を増やすＳＥＯ対策にも懐疑的でした。資金的な問題はもちろんですが、お金を使って検索エンジンの上位に表示されるようにしても、それだけでは普通より高いレンコンを買って貰えないからです。純粋な興味を持ってアクセスしてくれる数が増えて、自然に検索エンジンの上位に位置付けられるようにならなければ意味はない、と考えたからです。

ウェブサイトでの販売は中間マージンがとられずに利益率が高いため、できるだけ伸ばしたいと考えていました。とにかく、野口農園のレンコンに実質的に興味を持ってもらいたい。

そこで考えたのがファーマーズ&キッズフェスタへの出展でした。このイベントでは、生のレンコンの販売に加えて、調理販売もできます。なおかつ場所は日比谷公園、官庁街のど真ん中で実施されるイベントです。もしかすると、省庁に勤める国家公務員等にもアピールできるかもしれない。しかも主催は日本農業法人協会（ファーマーズ&キッズフェスタ実行委員会）です。農水省の職員が来ることは最初からわかっていました。何か目算があったわけではありませんが、何らかの展開があるかもしれないと期待しました。

しかし、広報効果を高めるためには複数のイベントを組み合わせて相乗効果を高めた方がよいと考え、ＹＥＢＩＳＵマルシェへの出展も決めました。しかも出展費用は１万円以下、交通費や人件費はかかっても大したリスクはありません。

ＹＥＢＩＳＵマルシェでは、物販に加えて一般のお客さんへのチラシ配りもできます。恵比寿は都内屈指の高級住宅街、富裕層への情報発信ができるかも知れません。事実、数人の有名芸能人が買い物に来たこともありました。ここでの販売をウェブサイトでの販売などにつなげようと考えたのです。

一方、母親の「老後の資金」を取り戻すためには、決まった量を定期的に大量購入して貰えるＢ to Ｂ（事業者向け）での契約は絶対に必要です。そのためには、営業活動が必要なのですが、僕には営業スキルは全くありません。飛び込み営業など、どのように行なったら良いのかさえも分かりません。

そこで考えたのが、一度にバイヤー等に営業を行うことができる展示商談会、アグリフードＥＸＰＯ東京への出展でした。出展費用がＦＯＯＤＥＸ ＪＡＰＡＮと比べて圧倒的に安く、10万円弱だったところも魅力的でした。レンコンを販売したり取引先を探したりできることに加えて、出展先の公式ウェブサイトに掲載されたり、取材が入ったり、チラシなどを配布したりすることができるため、広報効果も期待できます。「プロ農業者たちの国産農産物・展示商談会」と称しているくらいなので、農水省や農業関係メディアも確実に来るはずです。

これらのイベントは申し込み順に記しましたが、開催月はＹＥＢＩＳＵマルシェが２０１５年７月、アグリフードＥＸＰＯ東京が８月、ファーマーズ＆キッズフェスタが11月でした。

「身近な文化的他者」としてのレンコン生産農家

こうしたイベントに出展しても、事前に想定していた通り、直ぐには売り上げには繋がりませんでした。しかし、その間、テレビ出演の依頼が舞い込みました。売り上げには関わらなかったとしても、多少は広報効果があったわけです。

最初は9月のことで、BSの野菜専門番組への出演依頼でした。藁にもすがりたい僕は二つ返事で出演を快諾。先方からは父にも出演して欲しいとの意向が伝えられましたが、父は大反対。結局、この依頼は撮影日前日に父親の激怒により断念し、担当者の方には本当にご迷惑をおかけしてしまいました。

2つ目は有名アイドルグループの深夜番組で、撮影は11月初旬のことでした。父を巻き込まないことを前提に僕がメインで出演。やはりそれを聞いた父はまたも激怒。

「レンコンは遊びじゃねーんだ！」

「テメーふざけんな！　レンコン売れるわけねーって言ったくせに俺が売ろうとしたら文句言ってくんじゃねーよ！　いい加減にしろ！」

そして出演断行。父は番組を見ようともしませんでした。

3回目は有名芸人の番組でした。よりにもよって撮影日は12月の暮れも押し迫ったある日のこと。父親は当然大激怒。

「いい加減にしろ！　絶対オメーの好きにはさせねーからな！」

しかし、僕には断るなどという選択肢は最初からありません。テレビに出ればはかり知れない広報効果があるのは誰にでも想像がつきます。中々売れない1本500円レンコンを広報するためにはまたとないチャンスなのです。そんなことは父だって分かっているはずです。それでは、なぜ父は激怒したのでしょうか。

実は、父は20年ほど前、何度かレンコンを取り扱ったテレビ番組に出演したことがあるのです。特に記憶に残っているのは、今でも最前線で活躍する大物芸人二人組の番組です。レンコン生産農業者であることに劣等感しかない父は、その際の扱われ方に怒り心頭でした。「レンコンは遊びじゃねーんだ！」。それはこの時、その大物芸人二人組に言い放った言葉と全く同じだったのです。

ただ、僕はレンコン生産農家が「身近な文化的他者」として描かれることへの冷めたまなざしを持っていました。テレビ番組がテレビ番組として成立するためには、「当たり前」や「常識」から逸脱した被写体が存在しなければなりません。インターネットが普及し、メディアとしてのテレビの重要性が相対的に下がり、テレビはかつてほど広告宣伝費を集めることが出来なくなりました。以前に比べ、海外ロケなどに出向く企画は通りにくくなっている。僕に出演依頼の電話をかけてくるADさんたちも、安い給料で激務を繰り返しています。

東京から近い茨城県。小汚い格好で泥にまみれて、レンコンを収穫するレンコン生産農業者は、格好の被写体なのです。海外に赴くまでもない、「身近な文化的他者」。被写体は、野口農園だろうが〇〇農園だろうが構わない。テレビ局の意図を忖度した僕は、「レンコンと田んぼを傷つけなければ何をやっても良いです。泳いだって良いです」とさえ言いました。僕は冷静に、テレビ局側の意向を積極的に忖度し続けることで、テレビ局がロケしやすい会社というイメージを作ってきました。

本音を言えば、僕だってそんな屈辱的な映り方をしたいわけではありません。曲がりなりにも民俗学や社会学の研究者の端くれなので、このような忖度を通して農業の描かれ方のステレオタイプ化に手を貸している自覚もあります。しかし、「伝統の創造論」を踏まえて、野口農園を老舗として売り出す戦略を立てた僕にとって、自らがすぐに会いに行ける「身近な文化的他者」として描かれることには、何のためらいもありませんでした。

野口農園はトヨタ自動車ではありません。1回や2回テレビに出たところで、そんなに記憶に残るわけではない。そこに妙なこだわりや感情論を持ち込む必要もない。そもそも撮影スタッフ、そして出演する芸能人は、「仕事」として野口農園にやってくる。そこに、レンコン生産農業者と芸能人との違いなどないはずです。

だからこそ、テレビ出演の依頼に対して僕は「撮影日はいつですか?」という質問以外はしませんでした。結果として野口農園はメディアに取り上げられ続けることになります。「出演」という名の単なる「撮影協力」を愚直に受け続けたのです。

それでも1本5000円レンコンはそう簡単には売れませんでした。

第四章　「竹レンコン」を売る

希少性を維持しつつ利益を確保する

「1本5000円レンコン」は象徴的な商材です。希少価値があるからこそ価値がある。利益率がずば抜けているからと言って、1本5000円レンコンを大量に売っていたのでは高級感がなくなってしまう。それはレンコンが大衆化したロジックに手を貸すことに他なりません。

そこで狙ったのが、「竹レンコン」をきちんと販売すること。それでも「竹レンコン」は普通のレンコンと比べて2倍以上の利益が出ます。常識的に考えれば、この壁を越えることも並大抵のことではありません。

当たり前ですが、現在、「竹レンコン」は1本5000円レンコンよりも売れています。第四章では、このことについて語っていこうと思います。

イケメン農水省職員からもたらされたチャンス

「農水省の氏原です」

松坂桃李似のイケメンが、はにかみながら僕に名刺を渡して来ました。そこには「農水省　氏原大介」と書いてあります。テレビ出演よりも少し時はさかのぼり、広報と営業の両方の意味を込めて出展したアグリフードEXPO東京2015での出来事です。

「～という企画を担当しているのですが、～にご協力いただけませんか？」

「はい。もちろんです。よろしくお願いいたします」

レンコンを売ることだけに集中していた僕は、氏原さんが何を言っているのかは分かりませんでした。彼が農水省の職員であること、そして何かの事業に協力して欲しいといっている事だけは理解し、不随意運動のように「よろしくお願いします」と言って、名刺を交換しておきました。

するとと後日、こんな電話がかかってきました。

「NHKプロモーションの片山と申します。農水省の氏原大介さんからの情報提供によりご連絡差し上げました」

当時、氏原さんは「平成27年度日本の食魅力再発見・利用促進事業委託事業（生産現場の情報活用促進事業）」という事業を担当していました。この事業は端的に言うと、農業生産現場の様々な情報を消費者に届ける、というものでした。そしてこの事業を受注しているのがＮＨＫプロモーションであり、その責任者が当時部長をしていた片山志津さんでした。

僕の名刺には、野口農園取締役に加えて博士（社会学）と記載しています。この効果があったのでしょう。氏原さんは僕に何らかの情報発信効果があると考えて声をかけたのだと思います。こうしてこの事業の対象者として選ばれた僕は、３度のトークショーに出演することになりました。

超人的なネギ農業家との出会い

一番初めは品川。この時のトークショーで出会ったのが、千葉県の有機農業家の友人としてすでにご紹介した山木さんと、ねぎびとカンパニーでネギの生産販売を行っている清水寅《つよし》さんでした。この清水さん、現在「日本初の芸農人」という枠で芸能プロダクションに所属している、超異色の農業者です。

「どうもー！　清水です。ねぇ、このイベント良くない？　良いよねぇ？　もっといっぱいやろうよ？　え、飲み物？　ウーロン茶頂戴！」

ど派手なスーツで打ち合わせにやってきた彼は最初からテンションMAX。あっけにとられていた僕は挨拶することさえ忘れてしまいました。

「すげーな！　博士なの？　よろしく博士」

「いや、博士はやめてください」

「で、博士は何作ってんの？」

僕はいつの間にか「博士」というあだ名をつけられてしまいました。

そして本番のトークショー。

「ネギの草抜きって、こういうティーラーっていう機械で後ろ向きで歩くんですよ。だからね、僕は人生の半分が後ろ向きなんです」。会場は大爆笑です。

僕も大学で非常勤講師として教えていましたから、話術には多少の自信はありました。仕込んできたネタで笑いも取りましたが、僕の後に登場した清水さんの話術とキャラクターは圧倒的で、彼が全てをかっさらっていきました。

それだけではありません。とにかく彼は熱い男でした。農業が楽しくてしかたがないということ、日本の農業を変えたいという夢。小手先の話術ではなく、彼の真に迫ったトークが聴衆の心を離しませんでした。彼のトークの後は割れんばかりの大拍手。ハッキリ僕は負けたと思いました。

トークショー後のディナータイムでは、僕や清水さんが持ち寄った野菜を用いた料理が振舞われました。そこで彼が提供したのは、彼が考案した「葱煮」。山形県の芋煮からの発想だったとのこと。そして彼は、帰り際にこう言い放ちました。

「シェフと今度コラボで葱煮のイベントやることになったから」

彼はもう、そのときのシェフとのコラボを取り付けたというのです。その圧倒的な行動力と営業力には、呆気にとられてしまいました。実は清水さん、27歳で大きな企業グループの社長を務めた凄腕のビジネスマンとしての背景を持っていました。30歳の時に全てをなげうって山形県で新規就農。その後、たったの4年間で年商1億円を達成するという圧倒的な経営力の持ち主でした。

彼の商品戦略は、僕と全く同じ高価格帯。それをよりにもよって、レンコンよりも遥かに大衆化の進んでいるネギで成し遂げていたのです。彼は自分自身を広告塔とし、ネギのブランド化に成功しているようでした。

当時のフェイスブックには、僕の心境としてこのような書き込みが残されていました。

「恥ずかしいことを本気でできるのがカッコいいんだなと思った33の夜」

尾崎豊くささ満点の表現ですが、偽らざる心境でした。もちろん、僕もそれなりに熱意を持って取り組んできたつもりです。しかし、清水さんは圧倒的なパワーで事業に取り組み、僕が成し遂げたいと思っていたことを本当に成し遂げてしまっているのです。

もっと言えば、僕は農業の現状に憂いを抱いてこの取り組みを始めたはずです。しかし僕は清水さんのように農業とは縁もゆかりもないところから農業に飛び込んできたわけではありません。心に染み付いた農業に対するマイナスイメージを消すことはどうしてもできなかったのです。だからこそ、内に秘める問題意識の塊を前向きな言葉に置き換え、熱く表現することはできませんでした。

最初から農業に可能性を感じて新規就農した清水さんにとって、農業へのマイナスイメージなどあるはずがない。だからこそ農業を楽しいと全力で語ることのできる清水さん。そういう新規就農者さえいるのに中途半端なことしかできない自分は何なんだ。僕は自分を抑制していたことのダメさ加減を思い知らされたのです。

自分でイベントを仕掛けてみた

清水さんと山木さんとはその後、もう一度トークショーを行いました。清水さんに心を奪われて、トークショーの中で彼の一挙手一投足に気を配っていた僕は、待ち時間に彼が言った言葉を聞き逃しませんでした。

「俺は会いたいと思った人がいたら、何があっても会いに行く」

その言葉を真に受けた僕は、山形県まで彼に会いに行きました。丁度とある学術雑誌の原稿依頼を受けていたこともあり、清水さんを対象に原稿を書こうという目的もありました。

インタビューという名目で、語り合う事6時間。彼からは、営業のコツを教えて貰いました。

「人と人との関係のないところに商品は絶対動かない。これは100％言える」

「大事なのは、相手が先、っていうこと」

それは意外にも当たり前のことでした。口で言うのは簡単だけど、実践するのは難しい。それを彼は当たり前のようにやってのけていました。

「農業に偶然はないよ」と言い切ることと同じように、彼の会社経営にかける姿勢は徹底していました。新規就農した際には寝ずに草を抜き続け、指が疲労骨折してしまったという話。アポなしでソフトバンク社に出かけ、孫正義に会わせてくれと守衛に掛け合ったという話。もちろん断られて会えなかったということですけど（笑）。

ただ、僕も研究者の端くれです。優秀な人は腐るほど見てきました。しかし、彼ほど「規格外」な人物に僕は人生で一度も出会ったことがありませんでした。そして脇目もふらずに自分の道を突き進もうとする彼の後ろ姿に、僕は自分のこれまでの生き方に対して自問自答を繰り返しました。

「なぜ清水さんはあの時、シェフとコラボの約束ができたのか。そしてなぜ、自分にはできなかったのか」

それは「シェフに話しかけてコラボレーションを持ち掛けたから」。それ以外に理由はない。もちろんコラボレーションを持ち掛けたからって、結果が出るかどうかは分からない。それでも話しかけなければ何も始まりません。

山形から帰った僕は、ＮＨＫプロモーションの片山さんに連絡を入れました。

「僕が企画をやるので、スピンオフという形でトークショーを実施させてもらえませんか」

「良いですよ。まだ少し予算が残っているので」

片山さんは二つ返事でOKしてくれました。僕はすぐに清水さんと山木さんに声を掛けました。この二人は、「二刀流」のもう一方である研究での調査対象でもあったため、研究を兼ねてトークショーを開催することにしたのです。何とか開催までこぎつけましたが、準備には大変な苦労が伴いました。

イベントの企画など一度もやったことがありません。それを一から自分で作らなければならないのです。そもそも、そう簡単にお客さんは集まらない。当然です。無名の僕の講演を聞きたい人などほとんどいないからです。フェイスブックなどでの広報はもちろん、知人への招待メール、準備を手伝ってくれることになった学生たちの知人へのお願い、知人の知人へのお願い等々、思いつく限り全ての知恵と力を尽くしました。何とか格好のつくだけの人数を集めることは出来ましたが、お客さんの半分は協力してくれた学生たちでした。

企画自体は成功したのか失敗したのか分かりませんでしたが、このイベントでは、今では友人となった野菜ジャーナリストの篠原久仁子さんと出会うことができました。篠原さんは最初、僕の1本5000円レンコンを冗談半分に「ビジネスレンコン」と揶揄しましたが、心の内を語り合ってからは、僕の試みを応援してくれるようになりました。

結局、僕はこの無謀とも言える試みを通してたくさんの経験と手法を得ることができました。手作りイベントで人を呼ぶための現実的な手法、そしてコラボレーションの力の大きさ。何より、自分とは全く関わりのなかった分野でも、試してみることの大切さを改めて実感しました。

大企業との契約をゲット！

実は、トークショーの企画などをこなしていたこの時期、大きな転機が訪れました。営業のやり方を知らないなりに、展示会で名刺交換した相手に電話をし、見積もりを送ったりということはやっていました。全く釣果がなかったわけではなく3社との契約にはこぎつけることができました。しかし、経営に影響を与えるほどの発注数ではありません。

名刺交換した相手の会社の担当者に会いに行き、撃沈されて打ちひしがれて車を運転していたある日のこと、僕の携帯が鳴りました。

「日本○○の中谷です。この間の展示会でお会いしたんですけど」

「え？　日本なんですか？　もう一度お名前聞いても良いですか？」

「日本アクセスの中谷です」

　何度聞いても思い出せません。アグリフードEXPO東京では非常に多くのお客さんが訪れるため、名刺交換をした一人一人のお客さんを覚えているわけではありません。聞き返しても記憶をたどれない僕は、「怪しい会社名だな」と詐欺を疑いましたが、この日本アクセス、実は日本第二の総合食品商社。押しも押されもしない大企業でした。

　電話してきたのは、姫路支店に勤務していた中谷聖児さんです。彼が担当しているのは兵庫県で60店舗ほどのスーパーマーケットを経営している株式会社マルアイです。

　レンコン農家の台風待ちの話は既にしましたが、2014年に徳島に台風が来ており、マルアイのある関西圏を掌握する徳島県産レンコンが年末に仕入れられないという状況がありました。そして翌15年にも台風が直撃。正月へ向けて年末に最大の需要期を迎えるレンコンを仕入れられないということは、スーパーの青果担当者にとって死活問題です。そこで藁にもすがる思いで電話してきたのでしょう。

相手は大企業、そして取引希望数は数百箱単位でした。日本アクセスが信頼できる企業であることを調べた僕は、初めての大口契約に前のめりになりました。

しかし相談した父や母、そして妹は大反対です。「詐欺かも知れない」「商社なんてまったく信用できない」「金貰えなかったらどうすんだ」。怒鳴り合いの喧嘩です。

「テメーら、折角展示会出て、『契約したい』って言われてるのに、断るなんて馬鹿じゃねぇのか！　いい加減にしろよ！」

「俺は最初から出てくれなんて頼んでねーんだよ！」

怒鳴り合いの末に出た結論は「だったら担当者を呼べよ！」というものでした。こんなことを言ったら仕入れ担当者が怒って契約が流れてしまうと思いましたが、恐る恐る中谷さんに電話をかけると、結局、中谷さんとマルアイの仕入れ担当者である樽谷誠一さんが来てくれることになりました。

しかし父は開口一番、「うちは別に売るとこ困ってねーんだよ。お宅に売るつもりはありません。帰ってください」。遠くから来てくれたお客さんを前に父親を怒鳴れない僕は、ともかくはらはらとしながら成り行きを見守っていました。

中谷さんと樽谷さんは精一杯レンコンを買わせてほしいと説明してくれましたが、父は譲ろうとしません。しかし、一歩も引かない二人の姿勢に、徐々に態度を軟化させていきました。結局、こちらの言い値を呑むことを条件に取引を約束。そして「だったら、おめーが会社まで行って見てこい」ということになり、僕は姫路まで出向くことになりました。

出張した姫路では、市場から購入するレンコンの鮮度の悪さなどを説明されました。具体的に現物まで見せられた僕は唖然としました。流通段階の管理の悪さや、強引な貯蔵などの影響によって、カビが生えているレンコンさえあったのです。

しかし、茨城のレンコンはさらに評価が低かった。茨城県は農作物の生産に適した気候条件であることから生産量が多く、「野菜の生産工場」という位置づけです。大量に流通する茨城県産野菜は、大量販売の廉価品なのです。加えて、かつて同じく台風で徳島県の産地がつぶれた際に茨城県のレンコンを購入した時、期待外れの品をつかまされたという経験があったとのことで、評価は散々でした。

はじめての大口契約の上、茨城県産レンコンの汚名を返上する絶好の機会と考えた僕は、「うちで一番良いレンコンを納品します」と約束して帰路につきました。

しかし、ことはそう簡単には運びませんでした。日帰りで帰ってそのことを伝えた矢先に、父親は大激怒です。

「どうせ茨城のレンコンなんて本当は買いたくねーんだよ！　欲しいのは徳島のレンコンだ！　絶対正月だけで終わりだ。良いものなんて送る必要ねー！　だったらレンコンなんて売らねー！」の一点張り。母も妹もここに加わりました。

しかし、今こそ野口農園のレンコンの品質をアピールする機会と考えた僕は一歩も譲りませんでした。

「担当者二人をここまで呼びつけといて、そういう言い方はおかしいだろうが！　テメーらにプライドはねーのか！」

大喧嘩の末、結局「俺の顔を立ててくれっていう意味なんだろ？　仕方ねーからそれくらいやってやれよ」という母の調停により結果は出ました。最高品質のレンコンを納品することにしたのです。

ただ、この僕の判断の背景にあったのは昔の父の言葉でした。一つは「品質は信用、数は力っつうんだ」。そしてもう一つは「俺が売ったレンコンで絶対損はさせられねえ」。

この時の父の言葉を心にとめていた僕は、それを忠実に実行したのです。「大事なのは相手が先」という清水さんの言葉も頭をよぎりました。

そして正月が明け、中谷さんから電話がかかってきました。

「一箱の返品もありませんでした。こんなことは初めてです。樽谷さんよりもっと偉い幹部から大評価を受けました」

翌年、日本アクセスとの取引は数千万円規模へと成長しました。先方にとっても産地との直接取引は初めての経験でした。しかも茨城県のレンコンの評価は最低。不安だったのは野口農園だけではなかったのです。生産者としての矜持を忘れなかったからこそ、太い取引へとつながったのです。

こうして量販店や青果店などの小売り向けの「竹レンコン」は、少しずつですが、売れ始めるようになりました。

変化への対応

大企業との契約は取れたものの、実は、姫路までの配送には苦労しました。

最初に思いつくのはトラックをチャーターすることでしょう。しかし、レンコンは収穫に労力がかかるため、大量に収穫できるものではありません。1日の収穫量は、12ヘクタール以上の耕作面積を持つ野口農園でさえ、年末の出荷量の多い時でも2トン程度です。とても1日だけでトラック1台分を仕立てるだけのレンコンは収穫できません。

JAと市場を経由した取引の場合、JAの出荷場に多くの生産者から生産物を集め、貨物にまとめて市場に出荷します。行き来する物量が多いことから、一つ当たりの送料は安く抑えることが可能です。しかし新規の取引先、しかも大阪や東京とは異なるところに新たな物流を作ることはたやすくはないのです。

次に思いつくのが宅配便でしょう。しかし、時は年末のいちばん忙しいタイミング。「数百箱の荷物は受け取れない」と断られました。代わりに教えて貰ったのが「宅配便の貨物コンテナ」です。貨物コンテナごとに価格が設定されているため、その中に荷物を積み込むだけ積んでも価格は一緒です。箱のサイズからコンテナ1台に積むことができる数を計算して、価格が問題ないことが分かったため、年末から翌3月まではこの方法を採用することにしました。

しかし、問題は新レンコンの出荷が開始になる7月のことでした。3月まで使っていた貨物コンテナは常温です。発泡スチロール氷詰めを基本としている夏のレンコンは常温で送ることができません。しかし冷蔵用の貨物コンテナは価格が高い上に、積み込むことができる容量が小さい。価格が合わないのです。調べられる限りの運送業者に電話をしましたが、姫路までの物流はどうあがいても作ることができませんでした。結局、宅配便を用いざるを得ませんでした。年末は無理でも、夏であれば良いとのことだったからです。

ただ、前述した通り、当初、発泡スチロールは2キロ箱しか作りませんでした。宅配便は箱のサイズか重さで価格が決定されるのですが、2キロ箱のサイズは4キロ箱とほとんど変わりません。2キロ箱では送料がかかり過ぎてしまい効率が悪いため、4キロの発泡スチロール箱を作ることにしました。

通常のJA出荷では、出始めの新レンコンの間は2キロ箱で流通しています。レンコンが成長過程で細くて軽いため、4キロの規格とすると箱数が少なくなることから、4キロではなく2キロとして流通させているのです。このため規格を変更する必要が生じました。

当初、これを小売り店に納得させるのは難しいのではないかと考えましたが、全く問題にはなりませんでした。JAや市場では絶対視されている規格が量販店などでは大して問題ではないことが分かりました。

驚いたのは、レンコンの芽についての考え方です。生産者はレンコンの芽が折れないように細心の注意を払います。もちろん、縁起が良いからということなのですが、「芽は食べられないでしょ？　歩留まり悪くなるからない方が良い」とのバイヤーの意見を多く聞きました。

発泡スチロール箱の規格変更によって、姫路までの輸送方法を確保したわけですが、途中から発泡スチロール箱の3箱ひと括り発送は取り扱いたくないと指摘されました。発泡スチロール箱は取り扱い方によって水漏れすることなどがあるからです。1日の物量が少なかった頃はそのような指摘がなかったわけですが、今度は大型のビニール袋を作ることになりました。店頭でもビニール袋に包んでは貰えるのですが、1回の量が多すぎるため、到底これを依頼するわけにはいきませんでした。

ここから僕は、新しい取り組みを行うためには、これまでとは全く異なる労力がかかり、そのたえざる変化と常に対峙する必要があるということを学びました。

売る人と買う人の気持ちになる

大手食品総合商社との取引を開始したわけですが、僕はこれが信用となってさらに取引先が増えるだろう、と考えるほど楽観的ではありませんでした。高いものを売ることは、そう簡単ではないからです。

日本アクセスの中谷さんからは、箱やレンコン自体は申し分ないが、それがお客様に訴求できていないという指摘を受けました。1本5000円レンコンはギフト用の商材と考えていましたので、お店で販売される際の具体的なイメージを想定していません。レンコンの味には絶対の自信がありましたので、一度食べてくれさえすれば購入してもらえると考えていましたが、中谷さんが言うには、最初に手に取らせること自体が難しいとのことでした。確かにその通りです。

そこで僕はロゴシール、POP、レシピシート（自由に持ち帰ることができるフライヤー）を作ろうと考えました。野口農園の商品として他の商品と明確に区別できるような方法を考えたのです。せっかくテレビや新聞に出ても、「あのテレビに出ていた野口農園のレンコン」として認識されなければ無意味ですから。

POPはスーパーの店頭においても比較的当たり前に作られています。僕はこれに加えて持ち帰り自由のレシピシートを作ることにしました。その理由は、エンドユーザーである一人一人の客だけでなく、第一番目の客であるスーパーのバイヤーの気持ちを考えたことにあります。自分ひとりで発注できる権限を持っていないバイヤーの場合、販売したいと考えた商材は恐らく、企画会議で提案されるか、資料と併せて稟議書を回すというプロセスを経る筈です。これだけ他のレンコンと差別化できる販促物がそろっていれば大丈夫（仮に失敗しても言い訳が立つ）、と上司を納得させられるだけの材料があれば、稟議プロセスも乗り切りやすくなるはずだ、と考えたのです。

ただ、しつこいようですが、お金をこれ以上かけるのはそう簡単ではありません。まだ母親の「老後の資金」も取り戻せていない。だから、できるだけ安く、しかも効果の高いＰＯＰやレシピシートでなければなりません。

ただ、ＰＯＰと言っても、一度も作ったことがない僕にはどの業者に依頼したらよいのか全く分かりません。そこで僕は、デザイナーを抱えていて、なおかつ常にお客様への訴求を考えているものの、デザインを専門に扱っているわけではない既存の取引先にお願いしてみることにしました。アグリフードＥＸＰＯ東京２０１５で取引が決まった唯一のＥＣサイト、「厳選食品安心堂」を運営するＴ＆Ｎネットサービス株式会社です。

僕は担当の金子さつきさんに「野口農園をモルモットにしても良いので新しい事業を始めませんか？」と持ち掛けました。最初から「予算は1万円ぐらいしか出せないのですが」と付け加えておきましたが、金子さんは「うちには経験がないので1000円で良いですよ」と、超破格値でPOPを作ってくれました。

フェイスブックに妻と一緒の写真を使う理由

もう一つはレシピシートに載せるレシピです。最初のレシピはある程度、お金をかけて作ったのですが、これもできる限り予算を削減しなければ後が続きません。そこで考えたのは、フェイスブックでの友達への依頼でした。

実は、僕のフェイスブックアイコンは妻と一緒の写真です。「どれだけ奥さんを自慢したいんだ？」「ラブラブアピールがキモイ」と揶揄されることが多いですが、実はこれ、かなり頭を使った周到な戦略なのです。

一般的に、スーパーで野菜を購入する人は女性です。また、野菜ソムリエなども男性より女性の方が多いことは何となく想像がつくでしょう。このような将来の顧客やインフルエンサーと友達になるにはどうしたらいいか。ムサい男1人が写ったアイコンの人物から友達申請されて、彼女たちは承認するでしょうか。下手をすれば怪しい目的と誤解され、拒否されてしまうでしょう。だからこそ、敢えて妻と一緒のフェイスブック写真を用いたのです。

テレビなどに出て、それなりに知名度が上がってきて以降、友達申請はかなりの確率で通るようになりました。それもそのはず。友達申請された相手も同じように、知名度のある人とは友達になりたいのです。いつの間にか、僕はある種のインフルエンサーとなっていたのかもしれません。

レシピ作成についても僕は、ＰＯＰの場合と同じように、「予算が少ないため、１万円程度しかお支払いできないのですが、何かしらのやりがいを感じたらで結構です。レシピ作りにご協力いただけませんか？」とお願いすることにしました。

妻と一緒のフェイスブックアイコンによって、フェイスブック上の友達は既に４０００人以上。ここまで来ると、最早ちょっとしたメディアです。しかも僕のフェイスブックの友達は、食と農業に関わるインフルエンサーをかなりの数含んでいます。でき上がったレシピシートはもちろんフェイスブックでも広報するため、レシピ作りをお願いした方の広報さえもできるようになったのです。

浅い付き合いこそ重要

こうして、輸送ルートを確保し、販促物なども作って少しずつ売れるようになった「竹レンコン」ですが、運送業界の一斉値上げによって送料が高騰しました。1箱あたり100円の価格を上げるのはそう簡単ではありません。何とか大量輸送の方法を考えなければならなくなりました。最初の契約から2年後のことです。

「10月から値上げです」と聞かされていたので、それまでに何とか輸送ルートを作るしかありません。しかも、既にアグリフードEXPO東京2017に申し込んでしまいました。取引先までレンコンを納品できるか全くわからない状態で、新しい契約先を見つけるしかないのです。

アグリフードEXPO東京2017当日。これまで親しくしていた色々な農業法人に聞いてみましたが、誰に聞いても輸送ルートは「分からない」という返答しかありません。僕が親しくしていた農業法人のほとんどの取引先は関東にあったのです。

そこで、何となくの思い付きで、野口農園のブースの前にあった豆腐生産販売業者の取締役に質問してみました。展示会はいわば「お祭り」なので、お祭り気分の軽いノリで質問してみたのです。

「調子はどうですか？」

「うーん、まだ何とも言えませんね」

「なんていうか、レンコンとか豆腐とかで100億円プレイヤーとかになりたいですよね」

「そうですねぇ、それくらい儲けたいですよね」

「ランボルギーニとか、フェラーリとか、マクラーレンとか乗って。え、どうやったらそんな車乗れるほど稼げんの？　え？　俺？　豆腐屋。俺レンコン屋。お前何やってんの？　え？　野球選手？　ダッセーな、野球選手なの？　みたいな」

「あははは。そうですね」

彼は完全に呆れていました。

「そういえば最近、○○○がとんでもなく値上げしませんでした？　どうしてます、あれ？」
「そうですねぇ。本当に値上げしてきましたよね」
「いや、ホント、○○○つぶれないかなってくらいの値上げです。こっちが100円見積もり上げるのに本当に苦労してるのに、当たり前のように値上げですとか言って。完全に足下見てますよね。どうやって遠くまで荷物持ってってます？　いくら探しても中継先がつながらないんですよ」

あちこちの運送業者に片っ端から電話をした僕は、大阪や京都のような大都市でもない限り直行便はそう簡単に見つからないことは分かっていました。運送業者は様々な協力企業と連携し、中継を繰り返しながら荷物を運んでいるのです。

しかし、運送業とはいわば水の流れと一緒です。新しく道路ができれば別の道を使う。取引先も荷物の性質も常に変わる。運送業者が、特定の取引先までの大量輸送の契約を取れば、その間の荷物は安くなります。しかし、そのような取引が毎年履行されるとは限りません。

「うちも困ってたんですけど、実はそのルートを作ってくれるところがあるんですよ。

ちょっと待ってください」

そう言って彼は運送業者を教えてくれました。こうして、何とか輸送ルートを作ることができたのです。同業者が持つ情報には限界があります。敢えて浅い関係の人や異なる業種の人にも話を聞いてみることが道を拓くことがあるのだ、と学びました。

経産省のお偉いさんがやってきた

茨城県、しかもその中でも田舎中の田舎のかすみがうら市で、野口農園ほど目立った活動を続ける農家はそう多くありません。僕の活動が、次第にかすみがうら市にも伝わりました。こうして僕は、市の担当者から地域産業プラットフォームという、市内で活躍する「職業人」たちのグループに推薦され、市内の中学生に対してキャリア教育に関する講演をするようになりました。

その会議で出会ったのが、経済産業省関東経済産業局からかすみがうら市に出向していた西山正さんです。西山さんは、飲み会の席で熱く農業について語る僕に、「今度、経済産業省関東経産局長を連れていきます」と言い出しました。普通は市長でもそうそう面会できないような人物です。僕は冗談半分に聞いていましたが、西山さんはかすみがうら市への経済産業省関東経済産業局の視察ルートに野口農園を入れてくれたのです。

こうして局長を筆頭に、関東経済産業局の面々が野口農園へとやってきました。この時一緒にやってきたのが、NHK『プロフェッショナル　仕事の流儀』にも出演経験のあるグランドハイアット東京のチーフコンシェルジュを務める阿部佳氏や、料理人に愛読者の多いウェブマガジン『Web料理通信』の記者などでした。そこで僕は、この本で語っているようなレンコンの記号化の話と「伝統の創造」論の話をしました。「アホか」と思われるかと思いましたが、特に局長には僕の話に興味を持ってもらい、アドバイスまで貰いました。この時の様子は、経済産業省関東経済産業局作成の『〝IBARAKI〟日本の魅力発見プロジェクト 茨城県 霞ケ浦・筑波地域』という冊子と『Web料理通信』の記事になりました。


「ドバイでレンコンを売る！」

そして、この席で僕は、「ドバイでレンコンを売りたい！」という、目標とは言い難い、夢や願望ともつかない心境を披瀝したのです。

そう簡単に実現できそうもない目標を、僕はあちこちで披瀝し続けていました。そもそも最初のきっかけが「中国行ってレンコン1本1万円で売る」ことであったため、最初から輸出には興味がありましたが、戦略的な理由もありました。高いレンコンを売るためには、それ相応の理由作りが必要ですが、ドバイやニューヨーク、パリなど、シンボル性の高い都市にレンコンを売り込めれば、国内のマーケティングにおいて有効に活用できるのではないか、と考えていたからです。

テレビでは、スイカをドバイの王族に届けて大儲け、などというニュースをよく耳にしていましたが、そう簡単にできるとは思っていませんでした。どんな大金持ちであっても胃袋は一つ。何かで満たされれば、それ以上は食べられない。しかもスイカやメロン、ブドウなどの果物は、国内でも高級フルーツパーラーなどでギフト用として高額で販売されていますが、レンコンはあくまでも野菜なのです。

だからこそ、海外のシンボル性の高い都市に納品することもまた「記号」になると考えました。特に日本人は、アジアを除く海外での評価をやたらと気にする傾向があります。僕はこのことを勝手に「黒船理論」と呼んでいます。

それを、せっかくの機会だからと、関東経済産業局長たちの前で熱く語りました。その際、たまたま席上にいたのが、茨城にある筑波銀行で常務執行役員を務める渡辺一洋さんです。渡辺さんが、当時ＪＥＴＲＯ茨城の所長をされていた西川壮太郎さんを紹介してくれました。ドバイというのは、若者が無謀な夢を託す記号としても秀逸です。そして目論見通り、「馬鹿なことを言っている若者の夢をかなえてやろうか」という救いの手が差し伸べられたのです。こうして、本当にドバイへのサンプル提供にまではこぎつけることができました。

結局、ドバイへのルートはサンプル提供までで頓挫してしまいましたが、代わりにＪＥＴＲＯ茨城の西川さんはアメリカを相手にする食品の貿易において国内屈指の老舗であるというＫＣセントラル貿易の上級副社長にプレゼンテーションをする機会を与えてくれました。結果、価格のやり取りなど一切なく商談成立。ニューヨークのマンハッタンで最も高級とされる天ぷら店へのレンコン輸出が実現したのです。

このことは、大手スポーツ新聞に大きく取り上げられました。さらに同時期にはＡＮＡの機内誌である『翼の王国』から取材を受け、２０１７年4月号に取り上げられました。僕のブランディングがようやく実を結び始めたのです。

こうして打ち続けた手が相乗効果を発揮するようになり、ようやく1本５０００円レンコンが少しずつ売れ始めました。ただ、この頃には「竹レンコン」は普通に売れるようになっていました。小売り店や商社との取引はかなり有利に展開できるようになっていたのです。そもそも僕が目指していたのは「竹レンコン」の販売ではなく、より高い目標である1本5000円レンコンであったため、結果的に常識的な価格設定であった「竹レンコン」は本当に売れるようになったのです。

しかし、1本5000円レンコンが「バカ売れする理由」としては、これだけでは不十分です。なぜなら、このレンコンが売れるようになったのには、マーケティングやブランディングを超えた、もう少し深い理由があったからです。

第五章　農家の哀しみを引き受ける

本書も佳境に入ってきました。ここでようやく、1本5000円レンコンがバカ売れする「本当の理由」について明かすつもりです。しかしそれは、小手先のブランド論や経営論のような「方法論」ではなく、もっと重たい背景を背負ったものです。だからこそ僕は、経営学ではなく民俗学を援用してレンコンを売っているのです。

レンコン農家は家格が低かった

僕は茨城県かすみがうら市（旧出島村）という霞ヶ浦の湖畔の農村で、レンコンを生産する農家の長男として生まれました。と言っても、野口家がレンコン専業になったのは、僕が小学校高学年の頃ではなかったかと記憶しています。かつてはレンコンに加えて米や梅、スモモ、梨などを複合的に生産する農家でした。

野口家は近くのお寺に江戸時代から現在の住所に住んでいた記録が残っているのですが、当時の生産作物の記録はありません。野口農園が創業大正15年を謳うようになった顛末は既に語りましたが、江戸時代かどうかはともかく、レンコンはかなり古くから栽培していた作物だったようです。

野口家が完全な小作だったのか、少しだけ自分の農地も持っているいわゆる小自作農だったのかは分かりません。しかし、借りた土地を耕すにせよ、自分の土地を耕すにせよ、レンコンしか作れないような田んぼを耕さなければならない農家は、家格が低かったことは確かです。

なぜか。本来、レンコンは水辺の湿地帯などに生息する植物です。レンコンにとって最も適した場所は、仮に水を切ろうとしても1年中水が切れることのないような田んぼです。しかも、深い田んぼであればあるほどよいレンコンが収穫できます。深い田んぼであればあるほど泥が多く、レンコンが泥の中を自由にはい回って成長することができるからです。

読者の皆さんも、テレビなどでレンコンの収穫風景を見たことがあると思います。僕も何度か出演経験がありますが、お笑い芸人が泥の中にダイビングする「お決まり」のあれです。胸まで泥水につかって、レンコンを収穫します。写真をご覧頂けば分かりますが、エンジンからホースをつないで、消防ポンプのような水圧の水が出る噴口を持って収穫しています。胸まであるような沼にはいって大変な仕事だなぁと思っている方が多いと思います。

確かにレンコン田を歩くのは楽ではありませんが、実は、ほとんどのレンコン田は膝丈程度です。身長178センチの僕が胸まで沈む田んぼがあるのも事実ですが、それはごく一握りです。

現在、茨城県全体のレンコン田は2000ヘクタール程ですが、そのほとんどが70年代の減反政策以降に稲作から切り替えられたものです。大変な作業は伴うものの、米よりは高い値段で販売することができる商品作物、それこそがレンコンだったのです。

もともと米を作ることができない農地しか耕作できない農家は、地域の中でも最下層でした。そして、「野口家が古くから所有していた土地だよ」と僕が教えられた土地こそ、まさしく稲を育てることが難しいような深田でした。中には僕の足が底につかないような、恐怖を覚える田んぼさえあります。比重のせいか沈んではいかないものの、どれほど深いのか想像さえもつきません。

レンコンの収穫風景

祖父が使っていたレンコン専用の鍬

現代社会では、食生活の変化と農業生産性が上がったことによって、米の価格が著しく下がってしまいました。このため、米をたくさん作っていることが富や政治力を象徴することはなくなりました。しかし、現代と違って、まだ米が重要な作物とされていた頃、稲がまともに育たないような深い田では、レンコンぐらいしか栽培できる作物がなかったのでしょう。

しかも当時はレンコンの掘り取り用エンジンもありません。小さい鍬を用いた手掘りでした。どのような鍬かは前ページの写真をご覧ください。この写真は亡くなった祖父が残したレンコン専用の鍬です。「昔はこれで、こうやってレンコン掘ってたんだ」。まだ健在だった当時の祖父はこのように僕に、鍬の使い方を教えました。

当時は、祖父の語りに「へぇ、そうなんだ」くらいにしか思いませんでしたが、今の僕にはわかります。祖父が、自分たちや自分の親たちの苦労を僕に伝えたかったのだということが。

きっと祖父が僕に言いたかったのは、「今は昔と違って便利になって、機械を使ってレンコンを掘っているから楽になったが、昔はこれだけ大変だったんだ。先祖たちの苦労を忘れるな」ということなのでしょう。今でもレンコン掘りは大変ですが、こんな小さな鍬で僕の胸までもあるほどの深い田んぼでレンコンを掘ることの大変さは筆舌に尽くしがたいものがあったはずです。

僕の脳裏には、胸程の深さもあるような田んぼで苦労しながらレンコンを収穫している見たこともない曾祖父、そして名前すら知らない先祖たちの姿が浮ぶのです。

両親にとっての農業

減反政策以降、米の作付けが制限されたことから、多くの稲作農家がレンコンに転作していきました。そして、繰り返しになりますが、野口家では減反政策どころか終戦後の農地改革前、大正15年（昭和元年）には既にレンコンを作っていたのです。

稲を作ることができないような田んぼを耕す僕の先祖は、貧しさに耐えながら、家族を養うためにレンコンを作っていたのでしょう。事実、僕は小さいころから、「昔はレンコンは貧乏人のやる仕事だった」という父の言葉を幾度となく聞かされました。

そして僕は、父から「うちは昔から貧乏だった」「泥だらけになるレンコン屋なんて惨めな仕事だ」という口癖を何度も何度も聞かされながら育ちました。

実際には、父親が就農した頃は、それほどレンコンの価格が安かったわけではありません。レンコンがまだ比較的高価格で販売できていたからこそ、稲作やスモモ、梨の栽培などを中止して、レンコン1本に切り替えていったのですから。しかし、僕の父は、代々レンコン栽培を行ってきた家系であるという事実に、強い劣等感を抱き続けてきたようです。

一方で父からは「レンコンのように儲かる作物はない」という言葉も頻繁に聞かされていました。父にとって、「儲かる」ということだけが、レンコン生産農家としての自分を肯定する唯一の材料だったのでしょう。

このことは、近隣から嫁いで初めてレンコン農家を経験した母とも共通していました。むしろ、母にとってのレンコン農家の経験は、さらに強烈だったのかもしれません。

幼いころに両親に連れられて出かける田畑が、僕たち兄妹にとっては遊び場でした。母親の運転する軽トラックの荷台には緑色の幌がかけられていて、僕たち兄妹はその中で過ごしていました。両親と一緒に弁当を食べたり、雨が降った日は雨宿りをしたり、妹と遊んだりしてすごしたことを、僕は今でも懐かしい思い出として記憶しています。

当時はまだ梨を作っていたので、梨をボール代わりに投げて遊んだこともありました。田畑の近くの野山では、仕事の合間に母と一緒に松林で初茸狩りをしたり、自然に自生していたタラの芽やウドを採ったりしたこともありました。霞ヶ浦での淡貝獲りも忘れられない思い出です。やんちゃ盛りの僕は、妹の頭にガムをつけて怒られたりしたこともあります。

野山には山百合や藤が群生していました。子供ながらに、野山に美しく咲き誇る山百合の花や藤の花を見るのが好きでした。中でも僕が好きだったのは、亡くなった祖父と一緒にした山歩きで、山百合の百合根を掘ることでした。

「憲一、百合根探しに行くべ」

目をつむると今でも、優しかった祖父の声が浮かびます。

こんな祖父との懐かしい思い出の中で、母が決まって語るのが「雨の日の焼き芋」です。山百合が咲き誇る野山の縁で、僕と祖父は焼き芋をしようと、野山で拾ってきた落ち葉や木々に火をつけようと試みていました。祖父は育ち盛りの僕が「腹が減った」としきりに訴えるので、おやつを作ってやろうと思ったのでしょう。しかし、時はたぶん7月ごろ、雨が降りしきる中でのことでした。当然、火などそう簡単にはつきません。

「雨が降る中でおめぇが、ちいせぇー、スジしかねぇーような芋焼いでるの見で、あだしは惨めでしょうがながったんだ」

母は決まって、この時の祖父との「焼き芋」をこのように語ります。お金に換えるため、大きいサツマイモは売ってしまったのでしょう。残ったのは筋張った小さいサツマイモだけ。マッチで火をつけた新聞紙をくべ続け、ようやく燃え始めた火は、突然大降りになった雨粒によってすぐに消えてしまいました。

雨に濡れた落ち葉や木がそう簡単に燃えないことなど、祖父にとっては分かり切っています。それでも僕の期待のまなざしを一身に背負った祖父は、必死に火を保とうと、何度も何度も火をつけた新聞紙をくべたのでしょう。しかし、一度消えた火が再び燃え上がることはありませんでした。

僕の母は昭和29年生まれ。戦後直ぐの貧しかった頃に生まれ、高度経済成長期に幼少期から娘時代を過ごしました。会社員を経験した後でレンコン農家に嫁いだ母にとって、こうした「貧しさ」こそが偽らざる農業のイメージだったのでしょう。「三食昼寝付きって言われて嫁に来たのに、騙された」というのも、僕が幼いころの母の口癖でした。

農業じゃない職業に就け！

そんな両親に育てられた僕ですから、農業に対する職業イメージは本当に最低でした。

両親の口癖は、小さいころから「おめぇらには絶対に農業だけは継がせたくねぇ。おめぇらは絶対に大学に行げ」というものでした。口調さえも記憶するほどですから、何度も何度も繰り返し刷り込まれたのです。そのため僕は、本当に小さい頃から「大学への進学」と「農業」ではないほかの何かへの就職を漠然とした人生の目標として育ってきました。

保育園の父母参観でのありがちな一コマ。僕は、将来就きたい職業は何かという質問に、無邪気に「農業」と答えました。後にこのことを後悔した僕は、20歳くらいまで後悔し続けていました。

また、大学3年生の頃、僕がまだ大学院への進学ではなく一般企業への就職を目指していた頃のこと。エントリーシートの「自分の尊敬する人」という欄に、「両親」と素直に書けなかったことも、よく覚えています。両親を誇りに思えるかという自問自答に対して、言い訳や付け足しをしなければならない自分自身に対して複雑な感情をいだいたことは、記憶に鮮明です。

僕は、大学を卒業するころまで、両親の職業が農業であるということを友人たちに明かすことさえできませんでした。ようやくそれができるようになったのは、大学院に進学してからしばらくたった時のことです。それまでの僕は、自分の両親が農業を営んでいるということを友人たちに知られることさえ恐れました。むしろ、「農業」のイメージからかけ離れたような、隙のないファッションを保つことに心血を注いでいました。時には「大学院生」という知的な雰囲気を漂わせることで、農業のイメージから逃れようとすることさえありました。

それから時が経ち、何とか自分の両親の職業を正直に伝えられるようにはなりましたが、それでも農業のマイナスイメージからは抜け出すことができませんでした。初対面の人への自己紹介で、自分が大学院生であり、両親は農業を営んでいるということを話した際に、相手から発せられるお世辞に反発を覚えたのです。

「それじゃ、お父さんとお母さんの自慢の息子さんでしょうね」

「それじゃ」という相手の何気ない一言に、僕は妙にこだわってしまったのです。これが医者や高校教師だったらどうなのか？「それじゃ」などという接続詞がつくことはあっただろうか？　農業を営む両親の息子は大学院に行ってはいけないのか、と。それほどまでに、僕は農業のマイナスイメージを植え付けられていたのです。

しかも僕の母は関節リウマチです。僕も妹も私大卒。出来損ないの僕は、よりによって私大で6年もかけて博士号を取りました。母は、息子である僕を大学院に行かせるため、働きづめで身体を壊したのです。リウマチに罹患したばかりの頃の母は、「痛くて痛くて眠れねーんだよ。私を殺してくれ」とさえ言いました。

子供たちにさえ自分の職業を誇ることができず、自分の就いた職業を蔑むことしかできなかった父。そして痛みを我慢してまで僕を支えてくれた母。

僕も今では二人の娘を持つ親になりました。父や母、そして名も知らない僕の先祖たちの背負った哀しさや無念さを思うと、やり切れない気持ちでいっぱいになるのです。

実はプロ意識の高かった父

しかし、だからと言って父が惰性でレンコン作りをしてきたわけではありません。それどころか、父はレンコン生産に情熱を燃やしつくして来たのです。

幼い頃、おやつとしてプリンとヨーグルトが毎日のように出された時期がありました。

当時の僕は、毎日毎日プリンとヨーグルトばかり出てくるのに飽き飽きしていました。

それが、茨城県各地から父に技術を習いに来ていた農家や農協職員などの差し入れであったことを知ったのは、僕が中学生になった頃のことでした。

父は、茨城県における大型ハウスを用いたレンコン促成栽培技術を確立したという経歴を持つ、筋金入りの技術屋です。父はキュウリ栽培のために建設した大型ハウスに水を張って田んぼに切り替え、そこでレンコンの促成栽培を始めたのです。この技術が、茨城県では難しかった6月頃の新レンコンの収穫を可能にしました。

父が技術を隠さずに公開したこともあり、現在、レンコンの大型ハウス栽培は茨城県や千葉県一帯に広がっています。父が1人で大型ハウスでの促成栽培に成功した当初、レンコンは2キロで5000円以上が当たり前でした。時はバブル経済真っ盛り。当時は今以上に季節を先取りする初物に対する認識が強くありました。これまで難しかった時期の初物のレンコンは、高級料亭などに高値で納品されていたのです。

歳を重ねたせいか、保守的になって僕の反対ばかりしていた父ですが、本来、父は無類の新しい物好きで、典型的なイノベーターだったのです。

そんな父のもう一つの信念は「うまいレンコンを作りたい」というものでした。第二章で、レンコンが大衆化していった話は既にしましたが、その時、生産性が高く耐病性に優れたレンコンは食味に劣る、という話はしました。読者の皆さんは、ひょっとしたら「そもそもレンコンに味なんてない」と思っているかもしれませんが、もしそう思っていたとしたら、それこそ皆さんが生産性の高いレンコンを食べ続けてきたことの証なのです。本来、レンコンには味があります。しかし、幼い頃に食味が劣る品種を食べ続けた子供が大人になった時、本当にレンコンを買って食べたいと思うでしょうか。このことに父は心を痛めていました。

父は、生産性は高いが食味が劣る品種と比べて、時には収量が3割〜4割も落ちるけれども食味に優れる品種を作り続けてきました。レンコンは父や母、先祖が苦労し、苦しみと憎しみの果てに、何が何でもかじりついていた作物なのです。それが家族の生活を支えていたのです。僕は父の気持ちになることはできませんが、何となく父の心が分かるような気がしています。

恐らく父の心には、レンコンを古くから作っている農家であったことを恥じる反面、先祖が苦労して守ってきたレンコンを守りたいという信念も宿っていたのです。

レンコン生産の難しさ

レンコンを作ると言っても、どうせ種を買ってきて田んぼに植えるだけだろうとお考えになる方が多いかも知れません。しかし、レンコンはキャベツや白菜のように、種苗業者が種を作っているわけではありません。市場規模が小さいことから産業化が進展していないのです。商品として種を扱う業者が存在しないため、いわゆる自家採種なのです。

レンコンはジャガイモと同じで地下茎なのですが、この地下茎をそのまま種にする「栄養繁殖」という方法で増殖させます。種を経由せずに親となる植物の体の一部を次の世代の植物として増殖させる繁殖方法を栄養繁殖と呼びます。

要するに、普段食べている部分がそのまま種となるのです。このため、基本的には植えつけたのと同じ品種が収穫できますし、別の品種を植えつければ別の品種のレンコンが育ちます。

しかし、レンコンは、ジャガイモのように、植えつけた場所で成長するのではありません。植えつけた場所から4メートルから8メートル以上も先で収穫できる状態まで成長することになります。このため、田んぼと田んぼの間にある細い畦を飛び越えてしまうことがしばしば起こります。

もちろん、隣の田んぼとの間はアゼナミと呼ばれるシートで遮断されてはいるのですが、レンコンは泥中深く潜る植物です。畔を越えて隣の人が栽培している田んぼから別の品種のレンコンがやってきてしまうこともあります。

そしてもう一つ重要なのが、レンコンが生息しているのが深い泥の中だということです。表面に見えないところに収穫すべき作物ができるため、どうしても収穫し忘れてしまうレンコンがあるのです。レンコンは水を張った田んぼの中に生息し続ける限り基本的には腐りません。翌年もレンコン自体が「種」となり、芽を出して成長することになります。

野口農園でもこれまで、いくつもの品種を作ってきた経緯があります。かつて植え付けした別の品種や、隣の田んぼから来たよく分からない品種を掘り残してしまい、それがずっと田んぼの中で繁殖し続けるようなことが当たり前にあるのです。

品質を維持するためには、品種を統一させなければなりません。このため種専用の田んぼを作って自分の家で種を栽培するわけです。種専門の田んぼは隔絶している場所を選ぶなど、品種が混じりにくい田んぼで行なうわけですが、そのような条件下でもなおリスクは残ります。

販売するために育てているレンコンが栄養繁殖だからと言って、レンコンが種子繁殖（種から植物を育てる一般的な栽培方法）をできないというわけではありません。栄養繁殖の場合、基本的には親の世代の形質を子供がそのまま受け継ぎますが、種子繁殖の場合、自然交配で新しいレンコンができることがあります。

むしろレンコンはほとんどがいわゆるF1種ですから、種子繁殖では交配の情報が消去され、原種に戻ってしまいます。原種に戻ったレンコンは細長く、親とは全く異なる形質を持っています。このような形で、種専門の田んぼでも品種が混ざってしまうということが頻繁に起こるのです。

更にたちが悪いのは、生産性が高い品種や原種は種としての生命力に優れています。分けつ（成長に伴い新芽が伸びて株が増えること）が多いため繁殖力が高く、葉をたくさん出す上に、高いところまで葉を伸ばして光合成の権利を独占します。植え付けした食味に優れる品種は種としての生命力が弱いため、生存競争に負けて駆逐されてしまうのです。

このため、種専門の田んぼに植え付ける種レンコンには細心の注意が必要で、1本ずつ品種の違いを厳密に判別しながら選別を行う必要があります。

レンコンの「顔」を見極める

それでは、どのように品種の違いを見分けるのでしょうか。

まず、次ページの写真をご覧ください。この二つ、品種が異なるのです。左の品種が「金澄31号」、右の品種が「味よし」という品種です。味よしの方が野口農園の主力品種、父が信念を持って育て続けてきた品種です。土浦市の瀬古沢さんという方が作った品種です。

味よしは、時に糖度が9近くにもなるような濃厚で上品な甘みを持ち、その歯触りは柔らかでありながら飲み込む最後の瞬間までシャキシャキ感を保ち、まるで梨のような食感を持ちます。さらに焼くなどして熱を加えるとトウモロコシを思わせるような甘い香りを放ちます。食味の良さは圧倒的で、他のレンコンの追随を許しません。

しかし、恐らく読者の皆さんには見た目の違いなんて分かるはずがないと思います。どこで判別するかというと、包丁で切ったときの感触、水が表面を流れ落ちるときの筋のでき方、レンコンの肩の張り方、色、輪切りにしたときの可食部の厚み、穴の数や分

レンコンの種類を見分けるのは難しい。
右が「味よし」、左が「金澄31号」

けつした子レンコン孫レンコン（太いレンコンの横についている小さいレンコン）の数、分けつ部分の付け根の形状などです。どうしても判別が難しい場合は、切って舐めてみる場合もあります。味よしは生でも強烈な甘みを持ちます。この辺を総合的に判断して、種を選別しています。

しかし、現場の作業ではそんなに細かく見ていられません。本当に厳密に分析しようと思えば、1本1本、DNA鑑定にかけたり、料理して食べてみるなどしなければなりませんが、そんなことがハナから無理なのはおわかり頂けると思います。植え付けに適する時期は4～5月、どんなに遅くとも6月です。この期間を逃さずに、全てのレンコン田の種を選別する必要があります。

読者の方からすると、長い期間であるように思えるかもしれませんが、種レンコンの収穫は出荷用のレンコンよりも慎重に行う必要があります。芽を折ってしまうと発芽しないからです。しかも味よしはずば抜けて繊細で傷つきやすく、深窓の令嬢という表現がぴったりの品種です。

現場で考えていられる時間はせいぜい、1本につき1秒か2秒くらい、どんなに長くても10秒です。むしろ10秒は考え込み過ぎで、1本につき10秒も考えていたら到底仕事は終わりません。見た瞬間に判別できるようにならなければなりません。

では、どうやって判別するかというと、レンコンの「顔」を見分けるのです。特に「可愛い顔」をしているのが味よしです。「何を言っているのかさっぱりわからない」「頭がおかしい人だ」と思われたかもしれませんが、そうとしか表現しようがないのです。

花が美しい、猫が可愛いと判断するのは人間の主観です。花や猫自体に美しさや可愛さが宿っているわけではありません。レンコンの可愛さも、花の美しさや猫の可愛さ、あるいは好みと同じであると捉えていただければ、理解できないまでも納得はしていただけるのではないかと思います。要するに、金澄31号は可愛くないけど味よしは可愛いみたいな感覚なのです。

しかしレンコンを可愛さで判断するのは僕の癖かもしれません。例えば父はレンコンそのものよりも、主に葉っぱの色や艶などで判断していることに気づきました。レンコンを収穫し続けていることが多い父は、レンコンそのものよりも、表面に出ている葉の方が目につきやすいからかもしれません。

これはある意味、総合的な判断力でもあるのです。レンコンの形状や味などは、一定程度田んぼの土壌の条件や、その年の気候条件を受けて変化します。一つ一つの情報のみで判断すると、品種の違いを見落としてしまうのです。

当然ですが、一朝一夕でできる芸当ではありません。レンコンに接し続けてきたからこそできる技能です。時には両親からの吸収もあったでしょう。長きにわたってレンコンに接し続けてきた経験によって、レンコンの品種の違いを「顔」として見分ける感性や身体性が備わっているのです。

身体に刻まれたレンコン農家の「伝統」

しかし僕は、このようなレンコン生産農業者としての身体が、僕一人の経験値の蓄積によるものという域を越えているように感じています。

僕は小さい頃からいつも、何も凹凸のない真っすぐな道でつまずいてきました。そのことに特別な理由があるとは考えたことがありませんでした。しかし、その理由に思い至った出来事がありました。

大学生の僕も人並みに恋をしました。デートの帰り道、その当時の彼女が突然こう言いました。

「いつも思ってたんだけど、野口君の歩き方って特徴的だよね。ぴょんぴょん跳ねるように歩くよね」

「ふーん。そうかな？　そんなに変わってるかな？」

僕はそれまで、自分の歩き方がどうであるのかに一度たりとも着目したことはありませんでした。そこで、ガラス越しに自分の歩く姿を何度も観察しましたが、どこが特徴的なのかは分かりませんでした。単に彼女の思い過ごしだろうと、何も気に留めませんでした。


「けんちゃんの歩き方って変だよね」

しかし、僕は次の恋でも同じことを言われたのです。おそらくそこで初めて、「俺の歩き方は変なんだな」ということをしっかりと認識したのです。それからというもの僕は、このことを何度も何度も嘲笑をもって指摘され続けてきました。

「あんた、歩き方変やで？」

関西人の彼女に、そう言われたこともあります。あまりに何度も同じことを指摘されるので、僕の「変な歩き方」と普通の歩き方の違いを真剣に考えました。そして僕の「変な歩き方」が、つま先から先につくような歩き方であることを突き止めたのです。

そこで僕は、かかとから歩こうと試みましたが、どうしてもうまく歩くことができません。考えて歩こうとし続けるたびに、足と脚を痛めてしまいます。しかし、何につけても自信のない僕は、何としても歩き方を変えようと努力を続けました。

月日が流れ、歳を重ねた僕も37歳、二児の父となりました。いつしか歩き方のことは気にならなくなりました。ところが2年前、妻からこのように声をかけられたのです。

「やっぱり親子だよね。お父さんと妹さんとパパの歩き方ってそっくりだよね」

「え？」

そこで僕は、はたと気づいたのです。

「もしかすると、これはハス田の歩き方なんじゃないか?」

それから僕は、レンコン田の中での自分の足の動き方を想像することにしました。時にはアスファルトの道路を歩いているときに、また時にはレンコン田の中で、そして何も凹凸がない道で転んだときに。そして僕は「そうに違いない」と確信したのです。

僕はレンコン田の中で走ることができます。芸能人が転んで泥だらけになるのはお約束ですが、だからと言ってレンコン田で歩くことが楽なはずがありません。しかし僕は走ることさえできる。そうです。レンコン田の中で効率よく歩くための足さばきこそ、僕の「変な歩き方」の正体だったのです。

このことには後日談があります。僕の次女は2017年4月10日に生まれました。何だかやたらに脚が太いな、歩き始めるのが早いなと思っていた僕は、ふと娘の「足」を見たのです。娘はやっぱり「つま先歩き」でした。

先祖の苦労は生まれたばかりの娘の身体にさえ刻印されていたのです。もちろん科学的なエビデンスなんて存在するはずがありません。しかし、僕にはそうとしか思えませんでした。

同じようなことが「汗」です。僕は昔から、常軌を逸する大汗かきです。夏は当然ですが、真冬に少し歩いただけでも大汗をかくのです。気づいたのは高校生の頃からですが、体育の授業どころか登下校だけで僕一人だけ大汗をかくため、ずっと恥ずかしい思いをしてきました。都会の人は暑い暑いと言いながらもほとんど汗をかきません。

汗はいうなれば身体の冷却機能です。真夏など、稲と比べて重労働なレンコン生産では身体が火照ります。水を使うため冬は寒くて大変でしょうと言われますが、レンコンは収穫の際に地下水を使います。年間を通して地下水の温度はほぼ一定で15度。冬場はそれほど寒くはありません。一方、夏の暑さは筆舌に尽くしがたいのです。

本書は学術書ではありませんので科学的にどうこう言うつもりはありませんが、僕の止まらない汗の理由も、娘の足と同じで、レンコン農家としての刻印のように思えてならないのです。

全ての哀しみを背負う

「おー、憲一！　おめー、いい加減にしろよ！　そんなにレンコンがねーんだよ！　もう注文とってくんじゃねぇよ！」

やはり父は激怒しました。しかしその怒りは、それまでの怒りとは全く別物です。いつしか1本5000円レンコンは、注文をこなしきれずに断り続けなければならないほど売れるようになったのです。

結局のところ、1本5000円レンコンがバカ売れするようになった理由は何なのか。その秘密は、実はたった一つ。両親はもちろん、顔も名前も知らない先祖が苦労して育ててきたこのレンコンを、何があっても安売りすることができなかったからです。

生まれたばかりの娘の身体にさえ残されていたレンコン農家の刻印。家格が低く、農家の中でも蔑まれていた哀しみ。その全てを受け継ぎ、乗り越えていくという信念を抱いた以上、みずから価値を貶めてレンコンを安売りすることなどできなかったのです。

民俗学者でもある僕は、第二章で述べた「伝統の創造」論によって、軽々に伝統や民俗が「昔から続いてきたものである」などということは言えなくなってしまいました。だからこそ、すでにある伝統に振り回されるのではなく、こちらから伝統を作り出すことで、1本5000円レンコンを構想していったのです。

しかし、仮に変化はしていても、この両親や先祖から引き継いだ信念や感性、そして身体性こそが、僕たちの「伝統」や「民俗」の本質なのかも知れません。本書は民俗学の学術書ではありませんから、民俗と伝統の違いなどどうでも良いことです。ただ、このような信念や感性の背景にあった哀しみは、僕だけに宿っているものでしょうか？

僕にはそうは思えない。これは、全ての農業者に共通した背景ではないでしょうか。これからの農業に携わる者は、これまで気が遠くなるほど永きにわたって苦労をし続けてきた全ての農業者の哀しみを背負う覚悟をしなければならないと僕は考えています。

第六章　農業には未来しかない

志ある方へ向けて

こうして「バカ売れ」するようになった1本5000円レンコンですが、僕のこれまでの経験は極めて個別具体的、かつ私的な内容で満ち溢れています。同じような高価格帯商品での事業展開をお考えの方には、あまり参考になる内容ではなかったかもしれません。

そこで第六章では、僕のこれまでのビジネス活動の背景にある基本的な考え方、理屈の部分について語るつもりです。1本5000円レンコンを着想した理由については既に述べましたが、それを売れる商材へと育てあげたのには、それなりの根拠があるのです。

そして、今後の農業はどのような方向を目指したら良いのか。志ある農業者の方々の参考となるように、僕なりのメッセージを述べたいと思います。

生産性の向上は自分のクビを絞めるだけ

「野口さん、近くにつくば市があるやないですか。この前、つくばで農業用パワードスーツっていうの開発してるってテレビかなんかで見たんですよ。どうやったら買えるんか聞いてきてもらえませんか？」

２０１３年、徳島県で開催された「れんこん会議」に参加した僕が、徳島県のレンコン農家と話していた時、こんなことを言われました。彼は「パワードスーツ」を導入すれば、今よりたくさんレンコンを収穫できるのではないかと考えたようです。

最近の農業界では「スマート農業」などという言葉がはやっています。端的に言うと、ＩＣＴ技術やＡＩなどの最新の科学技術を導入することによって合理化を図り、生産性を向上させることを目指した農業のことです。僕が徳島でこのような依頼を受けた時は、ＩＣＴ技術の開発が着々と進んでいた頃でしょうか。

「うーん。やめといた方が良いんじゃないですかね？　それを使って、例えば今の３倍収穫できるようになったとするじゃないですか？　最初はいっぱい収穫できて儲かるかもしれませんけど、それが当たり前になると、今度は今の3倍働かないと同じ収入にならなくなりますよ」

僕はとっさにこう言いました。彼は納得していませんでしたが、僕には確信がありました。このことは稲の価格から明らかなのです。

稲は日本を代表する作物です。生産面積も多く生産人口も多いため、ハイテク機械がたくさん開発されています。1台1000万円を超えるような高級外車並みのコンバインも当たり前のようにあるのです。

コンバインだけではありません。田植え機はもちろん、冷蔵機能のついた大型貯蔵施設など専門の設備が開発されています。「スマート農業」が流行する近年では、用水路に取り付けたバルブをコンピュータで管理して開閉し、田の中に入れる水を調整するようなシステムも開発されています。稲の状態を観察したり、農薬を散布するためのドローンなども開発されています。

それだけではありません。大学や研究機関では新しい品種が研究され、専門の農薬も開発されています。経営を合理化しようという政策的なスローガンもあります。ですから稲は非常に生産性の高い作物です。

ただ、一方で価格は非常に安い。むしろ米食離れの影響もあって、米価はどんどん下がり続けているのです。最先端の科学技術が導入されているため、圧倒的に供給過剰になっているのです。

その結果、農家は価格が下がった分は、生産面積を拡大して生産量を増やすことで補おうとするのです。そのためには、ますます高額な機械や高度な科学技術を導入する必要性が出てきます。

しかし今度は、その技術を取り入れた結果さらに生産過剰になって価格が下がります。するとさらに新たな技術を導入して生産性を向上させようとする。当然、大規模な設備投資はお金を借りなければなりません。結果として、負債を抱えて所得がより少なくなっていくのです。

このような負のスパイラルを、社会学では「技術の悪循環」と呼びます。「技術の悪循環」は稲だけに特有の現象ではありません。本書の第二章で説明したレンコンの大衆化もまさしく、「技術の悪循環」の一種です。むしろそれは日本に特有の現象ですらありません。

もちろん僕も一切機械を導入する必要がないとか、経営に合理化が必要ないとは言いません。農業経営は確かに他の産業と比べると様々な面で、産業として確立されていない部分が多いことは事実です。レンコンが大衆化してきたからと言って、稲と同じほどは機械も開発されていません。合理化を進めることによって、経営が改善される部分が多いことも確かでしょう。しかし生産性の向上に着目し過ぎることは非常に危険です。

レンコンでも、大型冷蔵庫が開発されて以降、価格が安くなったという話を耳にします。貯蔵が利き、レンコンが腐りにくくなったのです。この結果、従来は腐ってしまって販売することができなかったレンコンの商品寿命が延びたため、レンコンの需要が下がってしまったのです。

「スマート農業」は全然スマートじゃない

この突如として現れた「スマート農業」ですが、実はそんなに新しい考え方ではありません。「スマート農業」というのは、「近代農業」とほとんど言っていることは一緒です。これまでの農業に対する極めてオーソドックスな考え方の延長線上にあるのが「スマート農業」なのです。

「近代農業」と言っても何のことかわからない人が多いかもしれません。わかりやすく言うと科学技術、要するに機械などを導入することで農作業の合理化を図り、多収量品種を開発したり化学肥料や農薬を用いたりすることで生産性を上げようという農業です。

日本は開国以来、農業の近代化を推し進めてきたわけですが、一番わかりやすく近代農業についての共通理解を作ったのは1961年に施行された「農業基本法」です。現在は1999年に「食料・農業・農村基本法」が施行されたことに伴って廃止となりましたが、かつては「農業界の憲法」と呼ばれるほど、農業にとって大きな影響力を持った法律でした。

「農業基本法」の目指す大きな目標は、農業の生産性を向上させることを通して農家の所得を増大させ、都市との所得格差を縮小させていくことでした。この目標を達成するために、需要があって商品性が高い作物を作付けすることや、科学的な技術を導入することで合理化をはかり、経営規模を拡大し、生産性を上げることなどが目指されました。食糧難の時代から高度経済成長期を迎えた頃ですが、生産性を向上させることを重要な課題としていたわけです。

しかし、農業基本法の施行から9年後、70年に始まる減反政策は、それまで農業基本法に沿って農業で都市並みの所得を得るという目標に邁進してきた農家にとって、青天の霹靂ともいえるできごとでした。とにかく生産性を上げることで生活を向上させようとしてきた農家の将来展望を奪うものだったのです。

減反政策によって生産性一辺倒の農業は否定され、農業基本法は廃止されたはずですが、農業の近代化はその後も重要な農政上の課題として位置付けられ続けてきました。現在では就農人口の減少や高齢化などにより、依然として生産性と合理性を強化することが政策的な課題とされています。

「スマート」などという、意味のよく分からないけれど知的でカッコいい雰囲気のする言葉との組み合わせを見ると、農業イメージを変えようという意味も込められているように思えます。ただ、やはりこの「スマート」という言葉、「近代」という言葉とあまり変わりないように思えてなりません。

近代は英訳すると「モダン」です。近年は「近代」や「モダン」と言われても、何一つ新しい印象は受けないかもしれませんが、61年に農業基本法が施行されたころの「近代」や「モダン」のイメージは、それこそ「スマート」だったのです。

現在は、ＩＣＴ技術やＡＩなどを導入することが「スマート」であるかのような表現がなされています。しかし、このような方法が「技術の悪循環」を生み出し、結局、自分たちの首を絞めることになるのは既に述べました。農家に「スマート農業」を導入させて一番スマートなのは、農業資材を扱うメーカーや商社、そして銀行です。次にスマートなのは、食料を享受する日本国民でしょうか。

日本という国の中で、農業が産業として期待されているポイントは、何より食料でしょう。近年は「食料・農業・農村基本法」の施行によって、環境や伝統文化を維持することなども付け加えられました。

しかし、それはあくまでも国が求める農業です。農民作家として著名な山下惣一さんはこのように言います。「私はまだ、日本農業というものを見たことはない。日本の風土の中でそれぞれに営まれている農業はいつも見ているし、自分でもやっているが、『これが日本農業』という実態にはお目にかかったことがない」（『農家の父より息子へ』1988年）。さらに山下さんは、このようにも言っています。

「先祖代々暮らしてきた土地でこれからも生きていくのが目的であり、農業はそのための手段であって、けっして農業そのものが目的ではないのです。国がわが家を守ってくれることはありません。山下家を守り、次に手渡す責務は私にあるのです」（「往復書簡」『公庫月報　AFCフォーラム』2007年6月号）

国の求める農業と、個人や法人が求める農業が同じでなければならない理由があるでしょうか。山下さんは家の継承と言っていますが、重要なポイントは「農業は手段であって目的ではない」という部分です。農業を営む人々にとって、農業とは生活を営むための手段以外の何物でもない筈なのです。

僕は国の政策目標を無視するべきだなどというつもりはありません。農業の社会的任務の大半が食料供給にあることや、農業に身近な環境を守る機能があることはもちろんです。しかし、国が求める農業の方向性だけに着目していて良いとは思えません。国の方針を信じて情熱を燃やしていた稲作農家が１９７０年から味わい続けてきた失望を忘れてはならないのではないでしょうか。

余計な設備投資をせずともしっかりと利益を上げられる農業。なおかつ、時には汚れ、つらい仕事にも耐えなければならないこともある、ありのままの農業。そんな農業こそがスマートだと言わせる社会を作らなければならないのではないでしょうか。

消費者のニーズにとらわれ過ぎない

現代では、女性の社会進出、核家族世帯や単身世帯の増加、高齢化の進行などで、生活スタイルが多様化しています。このため、従来は家庭の中で行われていた調理や食事などを、家庭外に依存する傾向が強まっています。

このような傾向に伴って、食品産業では従来の外食産業に加え、中食産業の市場化が進展しています。食事の仕方の変化に対応し、持ち帰ってすぐに食べることができるお惣菜や弁当などがこれまで以上に求められているのです。調理や食事を家庭外で済ませようとする傾向のことを「食の外部化」と表現したりします。このような傾向を受けて、近年の農産物流通においては業務用野菜の需要が著しく伸びています。

また、家庭で調理をする主婦の間でも、できる限り手間のかかる調理を減らし、既にある程度加工された食材を用いて調理しようという傾向があります。調理どころか、近年はカットフルーツが流行するなど、皮をむいて食べることすら面倒だと考える消費者が増えているのです。

さらに、近年はゴミを捨てることが有料です。皮は生ゴミです。しかも生ゴミは家庭内に一定程度ためてから捨てるのが普通なので、腐って悪臭を放つような生ゴミはできる限り避けたいというのが一般的な感覚でしょう。ゴミになるような皮はできる限りないほうが良い、と考える人が増えています。家庭用の農作物でも、パック詰めされ一次加工した野菜や果物、冷凍野菜などが求められる傾向にあるのです。

しかし、このような傾向に流されすぎないことが重要だと僕は考えています。一度、便利なことに慣れてしまった消費者は絶対後戻りすることはありません。簡便化の流れに乗り続けると、消費者は皮をむいて包丁で切る作業どころか家庭内での調理を放棄してしまうかもしれません。外食産業にせよ、中食産業にせよ、業務用の加工用野菜は極めて安価で流通しています。そうなると、今以上に野菜の価値を下げてしまうことになりかねません。より良い消費者を育てるのも、生産者の役割の一つだと思います。

マーケットインに惑わされない

近年、農業関連のビジネス書などで多く言われていることに「プロダクトアウトからマーケットインへ」というのがあります。簡単に言えば、生産者は売りたいものを作るのではなく売れるものを作ろう、生産者目線ではなく消費者目線に切り替えよう、ということです。

しかし、僕の発想は逆で、徹底的にプロダクトアウトに拘った方が良いと考えています。

一つ具体例があります。僕は、展示商談会に出たり営業に出向くたびに、「レンコンを真空パックにできないか」という申し出を何度も受けてきました。

小売り業に関わりのない方はご存知ではないかもしれませんが、スーパーやお店の中で作った物や仕入れた野菜等をお店のバックヤード（裏側）でカットし、トレーに入れてラッピングしたりして販売する商品のことを「インストアパック」と言います。

肉や刺身、惣菜、あるいは4分の1カットのキャベツやスイカ等がこれに当てはまります。一方、メーカーやスーパーのセンターがパッケージやラッピングを済ませてスーパーに並べる商品を「アウトパック」と呼びます。スーパーは単に並べるだけという商品です。

しかし、僕はこのような申し出を受けるたびに「無理です」と断ってきました。もちろん、できないことはありません。実際にそのような加工を施しているレンコン生産農業者も知らないわけではありません。技術的には可能なのです。真空パックのための機械を購入して新たに雇用を入れて真空パックにして貰えば良いだけだからです。

もちろん、業務用の機械は高額で、ある程度の能力を期待するのであれば数十万円から百万円くらいの投資は必要でしょうし、人材育成の必要もあります。しかし高すぎて到底購入できないというほどの高額ではありません。場合によっては間に専門の業者を通して納品するという方法もあります。もちろん、その分の中間コストはかかるわけですが、設備投資の必要はありません。

僕が言いたいのは、やろうと思えばすぐにでもできるが、「敢えてやらない」という選択肢をとっているということです。

「アウトパック」ではデザインが印刷されたパッケージが必須です。第二章で述べたようにレンコンに記号を貼り付けるためには非常に好都合なのです。僕はそのことを分かっていながら、敢えて抵抗しているのです。なぜなら、それがあくまでも、「お店側のコストを生産者が肩代わりする」という方式だからにほかなりません。

スーパーでは、できる限りアウトパックの商品を増やし、売り場の人員を削減したいと考えています。このことによってさらに光熱費、パッケージ代、パッケージマシン代も削減できます。

しかし、その削減された経費はどこに降りかかるでしょうか。当然ながらそれは生産者である農家に降りかかるのです。いくら売りやすいと言ってもコストが上がってしまえば利益は減る一方です。全ての業者が真空パックを導入するようになってしまうと、真空パックのなされていないレンコンが売れなくなってしまいます。

さらに、商品寿命が延びることで、廃棄する売れ残りの数も減っていくでしょう。回転率が落ち、小売り業者のレンコンの需要が低下することが目に見えています。さらに、加工に近くなればなるほど、野菜そのものの素材の美味しさは求められなくなります。

そのような取引で重要なのは、「取引先の規格に合わせることができるか否か」だけになります。すなわち加工のしやすさと、廉価かつ安定して供給できることに尽きる。味は調味料や漬け込み液などでいくらでも調整がきくからです。

そのような野菜作りに生産者としての矜持は保てるでしょうか。売れる商品を作ろうというのは簡単なことです。しかし顧客に求められるがままに売れる商品作りだけをすることは、実は非常に危険なのです。

逆転した泥付きレンコンの評価

求められる商品を作らなかったことが功を奏した事例を一つ挙げておきたいと思います。愛知県をはじめとした中京圏に住んでいる皆さんには常識かもしれませんが、この地域ではレンコンは泥付きで販売されています。

このレンコンの大半は愛知県で栽培されているのですが、戦前はどうも名古屋市場向けの一級品は洗って出荷されていたようなのです。洗わずに出荷していたのは、桑名のような地方市場のみでした。

しかし、戦時中に働き盛りの男性たちが徴兵されてしまったため、労働力が不足したことから、名古屋向けのレンコンも洗わずに出荷するようになったというのが真相のようです。ただ、高度経済成長期以降は、マンションが増加したことでレンコンに付着している泥が排水管に詰まるのではないかとの懸念や、洗うのが面倒だという消費者の意見がありました。

市場からは産地に対して「かつてのように洗って出荷できないか」という要請がもたらされました。洗ったレンコンであれば高値で買い取りたいという申し出もありました。しかし、この要請を産地は断わりました。高値で買い取るという申し出は短期的なものであって、仮に数年程度は高値が持続しても、それが当たり前になってしまえば、高く買ってもらえることはないだろうという見通しを立てたのです。そして将来的には、現状の「泥付き」の方が得ではないかと考えたわけです。

洗ってしまうと表面の傷が目立ってしまいます。洗って名古屋に出荷されていた一級品のレンコンと違い、地方市場には泥付きのレンコンが出荷されていた理由は、表面の傷を目立たなくさせるためでした。レンコンを洗って出荷すると、どうしても肌質や形状でレンコンの良しあしが判断されてしまいます。しかも洗うには手間がかかります。産地は市場の要請を蹴り、泥付きのレンコンを出荷し続けました。

結果として、この時の意思決定が、その後の中京市場でのレンコンの流通形態を決定付けることになりました。中京圏では、現在でもレンコンは泥付きのまま流通していいます。むしろ現在では、泥付きのレンコンは新鮮であるとの認識が消費者に広まってさえいるようです。マーケットインという目先の利益に惑わされなかった典型的な成功事例と言えるのではないでしょうか。

だからこそ、敢えて野口農園では小分け用のパッケージは作らず、従来の商品規格である箱での出荷を踏襲し、シールだけで対応してきました。

ほとんどが真空パックになってしまった根菜類の代表格は長芋です。今でもインストアパックの長芋を見かけることもありますが、大半が真空パックになっていることと思います。真空パックになっていない長芋でも、ほとんどが個別に袋詰めされています。短くカットして白いプラスチックトレーにラップで包装された長芋を見る機会は、年を追うごとに少なくなっています。僕はこの本を読んでいただいた農家の皆さんが、全力で真空パックの依頼を断ることを心から期待しています。

友人で専修大学准教授の三宅秀道さんは『新しい市場のつくりかた』（東洋経済新報社）という本の中で、「新規格の商品によって、つくられる最終商品は、新しい社会のありようそのもの」であり、「社会に需要が潜在している商品をつくろうというのではなく、新企画商品を受容する社会そのものもセットで形づくろう」と言っています。僕もこのことに賛成です。

消費者に求められるものを作りましょうだなんて、当たり前すぎることは誰にでも言えることです。僕たちが本当に作らなければならないのは売りやすい商品ではなく、農家が心を込めて大切に育てた作物を、本当に大切に扱ってもらえるような社会なのではないでしょうか。

僕には、調理はもちろん、野菜の皮をむくことや切りそろえることが無駄なことだとは思えません。食事というのはただの栄養摂取ではありません。一人だけで食べるより、気の置けない仲間たちや愛する家族と共に食べた方が、その美味しさは何倍にも膨れあがります。愛する家族のために手間をかけて調理をする。愛情をこめて作られた食事をとることで作ってくれた人の愛情や、食物とのつながりを確認する。食事とは本来そういう行為の筈なのです。

もちろん、全く販売できないものを売り続けることには高いリスクが伴います。しかし僕は、農家は何より生産者としての矜持を見失ってはいけないと思っています。この方向性を貫いた結果、今では「我々が扱いたいのは『本物』なんです。真空パックみたいな、半分加工みたいなことはやりたくないんです」という取引先とさえ出会うことができるようになっているのです。

分業化と闘う

「神の見えざる手」について言及した『国富論』で有名なアダム・スミスは、その『国富論』の冒頭で分業化の重要性について論じています。しかし、農業について言えば、農業が少しずつ活力を失っていっている理由の一つは分業化にあるのではないかと考えています。

分業とは分かりやすく言うと、社会がみんなで分担して仕事をし、商品を生産しようということです。たとえば、車が必要だとします。自分ひとりで作れるはずがない。エンジンの作り方どころか、エンジンの構造を完璧に理解している人でさえほとんどいないでしょう。ですから、エンジンのシリンダーを作る会社、ピストンを作る会社、ネジを作る会社、オイルの基となる石油を掘削する会社、鉄鋼を作る会社など、品目ごとにその分野に長けた会社がそれぞれの品目を生産していくわけです。そしてネジを作る会社やシリンダーを作る会社から部品としてそれらを購入し、エンジンを取り付ける人、ネジで部品をとめる人と分担して、最終商品としての車を組み立てていくのです。アダム・スミスは、この分業によって生産性を大幅に増加させることができるということを理論的に説明しました。

もちろん、僕は分業化を完全になくしたいなどということを言いたいのではありません。車の事例で示したように、現代社会を構成する複雑な製品の数々は、そう簡単には作ることができません。同じように、普段は自動車の部品を作っている人に野菜を作って貰おうとしても、無理に決まっているわけです。

ただし、農業について言えば、分業化されてしまった部門を可能な限り取り戻すべきだと考えています。例えば現在なら、長靴やビニールシート、ハウスなどの資材、種や肥料、そして販売や物流、そして加工部門などが分業化されています。長靴や手袋、ビニールシートの分業化を取り戻すのはほとんど不可能ですが、種や肥料を取り戻そうとしてきたのが有機農業です。

ただし有機農業では、販売や物流については真剣に考えられてきませんでした。農産物直売所の取り組みは、まさしく分業化されてしまった販売や物流部門を取り戻す動きでしたが、それが陥ってしまった隘路については既に述べた通りです。

近年では、生産（第一次産業）、加工（第二次産業）に加えて、流通・販売部門（第三次産業）も取り戻そうとする「六次産業化」の動きなども登場しました。直接取引の増加など、営業部門を取り戻す動きも加速しています。僕は営業部門に加え、これまで農業において最も疎かにされてきた、マーケティングやマーチャンダイジング部門も取り戻して来ました。

もちろん、これらの全ての部門を即座に取り戻すのは不可能です。人や企業には向き不向きもありますし、能力も違います。しかし分業化をあまりに促進させすぎると、他の部門に分業化された部門は経費となり、野菜を販売することで得られる利益はどんどん薄くなってしまいます。

野口農園でも、仮に1本5000円レンコンの販売やパンフレットづくりのアイディアをコンサルタントに依頼していたとしたら、その分の売り上げは経費として相殺されてしまっていたでしょう。確かに分業化された部門を取り戻すのは大変です。これまでの内容をお読みいただいた皆さんには、僕の悪戦苦闘が伝わっていると思いますが、それも今ではいい思い出です。農業者の皆さんは、少しでも分業化されている部門を取り戻すことを真剣に考えてください。

商品力にまさる営業力はない

僕はお願い営業というのをしたことがありません。「お願いします、買ってください」と頭を下げたことがないのです。農業以外の企業での営業経験が全くなかったことも影響していますが、僕が力を尽くしてきたのは「野口さんのレンコンを買いたい」と言われる商品づくりでした。結果的に、それこそが僕の「営業」手法となりました。

後に僕は、自分の職域をマーチャンダイジングと称することにしましたが、モノが売れるための理由を徹底的に考え抜き、全力で野口農園のレンコンの商品力を上げるための活動をしてきました。もちろん、父がこだわって作るレンコンは一級品でした。しかし一級品を作ったからと言って、そう簡単には売れません。農産物が商品としての価値を持つためには、品質だけでは不十分なのです。このことはエルメスのバッグの話でしてきた通りです。だからと言って、無闇にテレビに出たところでレンコンは売れない。とにかく、商品としての総合的な価値を高めなければなりません。

野口農園のレンコンの商品価値を高めるため、トライ&エラーを繰り返してきました。テレビへの出演。講演やトークショー。フェイスブックの利用。営業パンフレット、POP、ロゴシール、レシピシートなどの作成。高級レストランへの販路拡大や海外輸出。結局のところ、これらを総合的に仕掛け続けているからこそ、野口農園のレンコンは高くても売れ続けているのです。

しかし、結果的にそれが一番だったと思います。お願いして何とか買って貰えたとしても、売れなければ次回はありません。それに、お願いして買ってもらった商品は買いたたかれてしまい、価格決定権は取引先に奪われてしまいます。

しかし「これを買いたい」と思わせた商品は、基本的に買い叩かれることはありません。それに僕は、野口農園のレンコンは絶対に売れると確信しているのです。甘いと言われそうですが、それは1本5000円レンコンがバカ売れする理由と実は一緒だとも思うのです。

買い手であるバイヤーや料理人が惚れ込んで取り扱った商品や食材は、彼らが熱意と責任をもって販売しようと努力するはずです。頭を下げられて契約した商品の場合、売れなくても取引先に責任転嫁することができますし、やり甲斐もそれほど感じないでしょう。しかし、自分の目で確かめ「これぞ！」と惚れ込んだ商品や食材が売れれば、やり甲斐を感じるでしょうし、売れなければ自分自身に責任が発生します。そのような熱意や責任は、必ずお店でのディスプレイや従業員への指導などに影響します。時には、こちらからお願いしなくても試食を作ってくれたりもするのです。

そのような熱意は、最終的な消費者にも伝わるものなのです。結果的に、そのような商品や食材が売れることになる。「どうやったら売れるか」は確かに大事ですが、「商品力を高めること」は、それよりももっと大事なのです。

既存の認証に頼らない

世の中には様々な認証がありますが、ＪＡＳ法のように認証を受けなければ販売することができないというケースでもない限り、既存の認証に頼りすぎるのはおすすめできません。

僕の知る限り、このような認証を取るだけで売れるなどという認証は一つもありません。有機農業の記号性が摩耗してしまった話は既にしましたが、JAS法に基づく有機JASも、それだけで売れるというような基準ではありません。

このような認証は確かに一定の「記号」としての価値を持つ可能性はありますが、その効果は一過性のもので長続きするものではないというのが僕の考えです。高額な費用を支払って、毎年認証を更新するほどの価値が本当にあるのか、僕には疑問です。文化がうつろいやすいことと同じように流行は非常にうつろいやすいのです。一昔前、「モンドセレクション受賞！」と謳う商品が一世を風靡しましたが、いまではそれもめっきり見なくなりました。

最初は有効な記号として作用していた認証でも、多くの企業が採用し始めると、国際機関などで規定されたISOのような基準でなかったとしても、デファクトスタンダード（事実上の標準）化してしまうことも考えられます。農業において最も有名な国際的な認証の一つにGGAPがありますが、もしこれが標準化したら、毎年その認証を更新しなければ事実上、野菜を販売できないということになってしまうかもしれません。いずれにせよ、認証を取って一番儲かるのは認証機関であり、農業者ではありません。

それでは、自分たちが信じる価値を、どうやって社会に認めさせれば良いのだ、と思うかもしれません。花が美しい、猫が可愛いと判断するのは人間の主観であって、花や猫自体に美しさや可愛さが宿っているわけではないことはすでに述べました。それと一緒で、価値の有無なんてしょせんは主観の問題なのです。

野口農園では、父が信念で作り続けた品種が味よしであり、家族全員が味よしこそ一番おいしい品種であると確信を持っています。しかし、正直に言って、それは僕たち家族の主観以外の何物でもありません。

もちろん、歯が立てられないほど筋張っていたりするなど、根本的に食べることができないなどの問題があったら大問題です。しかし、他の品種のレンコンだって、当然それほどひどいわけではありません。他の品種の方がおいしいと感じる人だっているに決まっています。

しかし、仮にそれが本当においしいと感じたとしても、それだけでは簡単に商品は売れません。僕が言いたいのは、自分たちの信じる価値をどのように社会に認めてもらうかというところに本質がある、ということです。これまで綴ってきた僕の試みでも分かると思いますが、それがそうたやすいことでないのは確かです。

それでも僕は、既存の認証に頼るよりも自分だけで自分の信じる価値を認めてもらう方が何倍も意義があると思っています。既存の認証にお金を払うのは簡単ですが、それでは自分たちには何の経験も残りません。経験の蓄積さえあれば、流行が変化したとしても新たな対策を立てることができます。さらに、認証はお金を払って一定の基準を満たせば誰でも使用可能ですが、自分たちだけで確立した価値は自分たちだけの価値なのです。

嫌われることを恐れない、そして妬まない

新しい取り組みというのは、既存の枠組みや制度に挑戦したり、時には壊していくことになります。当然、その過程では既存の枠組みや制度を維持しようとする人々との間に葛藤が生まれます。

あまりにテレビや新聞などに出過ぎたせいか、最近、僕が最寄りの駅近くで飲んでいると「おめーんちのレンコンは何が違うんだよ！」と、知らない酔っ払いに絡まれるようになりました。10年ぶりに会った幼馴染に挨拶をしたら、露骨に無視をされたこともあります。

詐欺みたいな値段でレンコンを売っていると悪い噂を立てられたりもしています。「味よし」なんて何が良いのか全く分からないという噂も聞きます。妹からも「あんちゃんは色んな人から悪口を言われてるよ」と言われるようになりました。家族にさえ僕の悪口が届くようになったのです。ただ、このようなことは今に始まったことではありません。

民俗学では「憑きもの」についての研究の蓄積があります。「憑きもの」というのは、簡単に言うと人間に憑依する動物のことです。民俗学に全く関心のない方でも、一度くらいは「狐憑き」などという言葉を聞いたことがあるかと思います。狐は人間に憑くとされる代表的な動物霊です。

この「憑きもの」、民俗学ではどのように捉えられているかというと、村内の経済的な階層構造が変化した理由を説明する時に用いられる、いわば方便として捉えられています。

例えば、有名な「憑きもの」に「管狐」というのがいます。管狐は竹筒などの管に納まって人間に使役されるという「憑きもの」です。管狐は富める長者の蔵などに出向いて、蔵の中でゴロゴロと転がって体毛の中に米や金などを巻き込んで持ち帰るとされます。ですから、管狐を飼っている人は急にお金持ちになるわけです。

人々は、農村社会における経済的な階層構造が変化した時に、急に金持ちになった奴は管狐を使うというずるがしこい方法でこれを成し遂げたのだと理解しようとするわけです。要するに、「新来の成り上がりもの」に対する妬みから来る一種の悪口なのです。

ただ、この程度の実害を伴わない噂話であれば良いですが、実際の農村社会はもっと陰湿です。僕は5歳ぐらいの時に当時飼っていた犬を毒殺された経験があります。後に風の便りで、除草剤をつけた肉を犬に食べさせたという話を聞きました。家に帰った時に飼い犬のゴンは口から黄色い泡を吐いて横たわっていました。僕は今でもあの時のゴンの口から出ている黄色い泡を忘れることができません。

作り話だったらどれほど良いかわかりませんが紛れもない事実なのです。今思えばそれは、父がレンコンの大型ハウス栽培技術を確立した時期と一致するのです。この田んぼから「出て行け」と看板を立てられたこともありました。レンコンの掘り取り用エンジンを田んぼに突き落とされたこともありました。新しい試みに、妬みや嫉妬はつきものなのです。

ただ、こんなことに負けてはいられません。他人の成功を妬むよりも妬まれる方がずっとましです。それに自分には、信念を持って農業にとって正しいと思う方法、農業の価値を上げるための方法を全力で模索してきた自負があります。

よく言われる例え話ですが、水面上は優雅に見える白鳥でも水面下では必死に足をばたつかせている。よほどの幸運の持ち主でもなければ、成功に偶然はありません。成功があるのは、人が寝ている時間や遊んでいる時間に必死に努力してきた結果に他なりません。

ただ、僕も人間です。妬みの感情を持つ時がないわけがありません。しかし、妬んで悪口を言ったり嫌がらせをしても、それで自分の価値が上がることはありません。むしろ下がるかもしれない。自分自身の努力をもって妬む対象を乗り越えなければ、自分の価値が上がることはないのです。

昭和の農聖と呼ばれる松田喜一は『農魂と農法　農家経営の巻』の中で、「生存競争」という節を設け、農業における競争に言及しています。松田氏は競争を、「競う」ことと「争う」ことの二つに分け、農業において重要なのは「競う」ことであると言い、「自分を養い、磨きて、實力と、努力とで勝つ」必要があると説いています。

一方で「争う」ことは、「對手を破壊し、傷つけ斃して勝つ」ことであるとして、批判しています。僕も松田氏の見解に賛成です。

チャレンジをする同業者を無視したり排除したりすることで自らの相対的な価値（他と比べることで生じる価値）を上げようとするのではなく、自らの努力によって自分の絶対的な価値（それ自体の持つ価値）を上げることが重要なのではないでしょうか。

現在、農家の社会的地位や経済的地位は、本当に正当なものと言えるでしょうか。もともと小さいパイ、しかも日に日に小さくなり続けるパイを奪い合うことに心血を注ぐのではなく、パイ自体を大きくすることが何よりも重要なのではないでしょうか。パイを大きくしようという試みを全力で応援しようとする社会こそ正常ではないでしょうか。

守るためにこそ変わらなければならない

ただ、そうは言ってもそれが簡単ではないことも重々承知しています。本書では随所に僕と父親の怒鳴り合いの様子が描写されています。既成の枠組みや制度への挑戦に対する葛藤は父親との間でさえ起るのです。

しかし、僕はそれこそが正常な経営のあり方であると信じて疑いません。母や妹からも「経営者じゃねーんだから偉そうなことを言うな」と何度も非難の言葉を浴びせられましたが、僕はそれでも自分が正しいと信じて疑いません。

それは何故か。僕は、父親の世代と同じ経営が、今の時代や今後も通用すると考えること自体が間違っていると考えるからです。まさしく老いては子に従えの心です。僕の父がレンコンの大型ハウス栽培を開発したこと、そして誰からも評価されなくても、自分がうまいと信じるレンコンを作り続けてきたことは既に述べました。僕は、だからこそ、茨城県のレンコンは今でも商品価値を持っているのだと思っています。

それでも、もはやレンコンの大衆化はとどまることを知りません。これから何十年も全く同じことを続けて行ったら、レンコンの商品価値は消滅してしまうかもしれません。父親が守り育ててきたものに挑戦し、乗り越えていくことこそ、本当に守るということなのではないでしょうか。

僕たちが生きる今、それは僕たちを全力で育て、守ろうとしてくれた祖先があったからなのです。僕たちが親や先祖の努力に安住し、今を惰性で生きていたら、苦労して僕たちを育ててくれた親、そして先祖たちに顔向けなどできるでしょうか。

前の世代の人々が支えてきた過去があったからこそ、今があるわけですが、その世界に安住して、「先祖は凄い」と思い続けていたら、未来はやって来ないかもしれません。

しかし、僕のやり方といえど、今後何十年も通用するかどうかはわかりません。いつの日か僕は、僕自身が築いてきた世界を乗り越えてくれる「子供たち」に挑戦され、乗り越えられなければなりません。「子供たち」、それが自身の子供なのか現在の社員のだれかなのか、あるいはこれからどこかに生まれ落ちる誰かなのかは分かりません。そういった「子供たち」が自分と同じくらいの年齢になった時、「おめーのやり方は間違ってる！」と言われることを夢見て、僕は今後も頑張るつもりです。

農業には未来しかない

これまで事あるごとに農業は危機であると言われ続けています。もちろん、僕自身も安易に農業にはバラ色の未来が広がり続けているんだとは言いません。農業にバラ色を見いだすことは、実は途方もなく大変な道のりです。本書をお読みいただいた皆さんであれば分かるかと思いますが、このことを僕は身をもって経験してきました。

そして僕は、農業に対する拭い難いマイナスイメージを今でも抱いています。しかも徹底的に。このことは既に語ってきました。農業なんかにプライドを持つな。僕は常にそのように自戒しています。しかし、だからこそ僕は農業にフロンティアを見いだしているのです。

何故でしょうか。現状に満足して自分にプライドを持ってしまったその先に、未来など見えるはずがないからです。約束された未来、決まり切った将来、そんなものは何一つありません。だからこそ、僕たちはそれを見いだすために命を燃やすのではないでしょうか。農業には、何もしないで維持できる「現在」さえもないのです。言い換えれば農業には常に「未来」しかないのです。

しかし、目標どころか夢とさえも言えないような闇雲な「未来」がそう簡単に訪れるはずがありません。それでも、僕たちを育てるために苦労を重ねて来てくれた親、そして先祖がいます。僕たちは何があっても諦めるわけにはいきません。

「生きろ、そなたは美しい」。言わずと知れたジブリアニメ『もののけ姫』の名ゼリフです。僕は農業には本質的に価値が宿っている、すなわち「美しい」ものだと思って疑いません。そのことを証明し続けるためにも、「生きる」ための方法を命がけで考えて行こうじゃないですか。

おわりに

僕が大学生のころから学んだ民俗学は、「自己内省の学」と呼ばれることもあり、とにかく自分自身に深く入り込む学問でした。一方、大学院から学んだ社会学は、社会現象を一歩引いた視点で批判的に観察することができる学問でした。

この二つの学問を学んだことにより、農業に対して様々な角度で観察する姿勢が身に付きました。自分自身にレンコンの「顔」を判別する感性や、田んぼを走ることさえできるような身体性がどうして備わっているのか。民俗学を学ぶことにより、僕はその理由に気づきました。そして社会学では、農産物直売所や有機農業の持つ問題、あるいはそれらを奨励する学問の問題、さらには機械の導入を繰り返すことや生産性を向上し続けることの弊害が見えるようになったのです。

時には見たくないものまで見えてしまうのが学問でもありますが、この二つの学問を学んだ経験が本書、そして本書を執筆する理由となった1本5000円レンコンを始めるきっかけになったことは言うまでもありません。

大切な産業であるにもかかわらず、なかなか報われることがなかった農業。今後はこれまで以上に農外からの新規就農者が増えていくでしょう。もちろん法人化の流れも止まることはない。農業が多くの人に興味を持ってもらえるのは喜ばしいことに違いありません。しかしそれでも代々農業を営む農家に育った立場として「それだけで本当に良いのか」という気持ちがある。本書でも紹介したように、他業界からの新規就農者ほどビジネス感覚を持ってうまく事業化を進めているからです。

僕たちの「伝統」は本当に無駄な感傷でしかないのか。また、一方で、これまでの僕たちと同じように苦労する新規就農者も多く居るでしょう。本書が、今後の農業の進むべき道を示す一つの指標となればと願ってやみません。

このように語ってきた僕も、先祖や両親が僕に与えてくれたものを、野口農園の従業員の皆さんには十分に返すことができているとは言えません。母は「農業に定年はない」とよく言います。年金支給までの期間がどんどん長くなっている今、ある意味時宜を得た言葉かもしれません。しかし、それは恐らく事業主に限ると思うのです。やはり僕は、従業員の皆さんのための退職金制度を作りたい。

給与だってまだまだ十分に支払えている自信はありません。福利厚生だって全く充実していません。住宅補助、出産祝い、労働環境の改善、子育て支援など、やらなければならないことはいくらでもあります。

しかし、僕の無謀な目標のせいで成長路線を突っ走り続けてきたことから、ご迷惑をかけた従業員の方々には申し訳ない気持ちでいっぱいです。いつも僕だけ作業着ではない格好で作業場に現れ、よくわからない仕事をしているので、もしかすると「エエかっこしいの穀潰し」に見えていたかもしれません。

農家にとって年商1億は確かに大きいですが、法人化している株式会社野口農園にとっては到底十分とは言えません。また、野口農園だけが儲かれば良いわけではありません。良い野菜を作ろう、おいしい野菜を作ろうという農家にしっかり儲けて欲しい。農業が成熟した産業として成立すること、何より農業の価値が向上すること。そのために僕は、今後も「二刀流」を駆使して尽力していくつもりです。

さて、本書でもご紹介させていただきましたが、1本5000円レンコンを思いつく最初のきっかけを作っていただいた、元九州女子大学教授の牛島史彦先生にお礼を申し上げたいと思います。牛島先生のあの時の言葉がなければ、本書はおろか、僕の生活すらも危ういものだったかもしれません。いつも的確な助言と温かい激励のお言葉をかけていただきありがとうございます。ここで改めて感謝の意を表したいと思います。

経営学者で専修大学准教授の三宅秀道先生にもお礼を申し上げます。新潮社を紹介していただいたこと、野口農園まで2度も足を運んでいただいたこと、折に触れて飲みに連れて行って激励していただいたり、助言をいただいたりしたことなど、お礼の尽くしようがありません。ひょんなことからお知り合いになり、その後は親しい友人として接していただいていますが、改めて感謝申し上げます。

また、本書は現代民俗学会の2017年度年次大会のシンポジウム「『民俗学』×『はたらく』——職業生活と〈民俗学〉的知」でパネリストとして報告を行った際のスピーチ原稿を基に大幅に加筆修正を行ったものです。コーディネーターとしてシンポジウムにお呼びいただいた浜銀総合研究所の辻本侑生さんにもお礼を申し上げたいと思います。

新潮社の横手大輔さんにもお礼申し上げます。原稿を送るたびに「面白いです」と言われることが、僕の執筆の原動力となりました。僕の言いたいことを際立たせるような編集は見事でした。横手さんがお隣の土浦市生まれだったことも、何かのご縁かも知れません。

両親と妹にもお礼を言わなければなりません。僕が野口家に生まれ落ちなければ本書が生まれることは決してありませんでした。両親の苦労は本書の随所に登場しますが、本書がせめてものお礼と、これまで支え続けてくれてきたことへの恩返しになればと考えています。

最後に、二人の娘、そして誰よりいつも支えてくれている妻に感謝して、本書を閉じたいと思います。

2019年3月　　生まれ育った茨城県かすみがうら市にて　　野口憲一

参考文献

「愛知県産蓮根の市場流通において農業改良普及員の果たした役割——なぜ『市場の要請を拒否する』という意思決定はなされたのか」『農業普及研究』18（1）、野口憲一著、2013年、68-78頁
『新しい市場のつくりかた』三宅秀道著、東洋経済新報社、2012年
「往復書簡」『公庫月報　AFCフォーラム』山下惣一著、2007年6月号
「霞ヶ浦湖岸低地における蓮根栽培の展開」『地理』28（5）、手塚章著、古今書院、1983年、32-40頁
『キレイゴトぬきの農業論』久松達央著、新潮社、2013年
『国富論1』アダム・スミス著、水田洋監訳、杉山忠平訳、岩波書店、2000年
『実践の民俗学——現代日本の中山間地域問題と「農村伝承」』山下裕作著、農山漁村文化協会、2008年
「収穫後のレンコン肥大茎の外観と構造に対する泥付き処理の効果（品質）」『日本作物學會紀事』74（別号1）、川崎通夫、安田秋二、谷口光隆、三宅博著、2005年、68-69頁

『消費社会の神話と構造　新装版』ジャン・ボードリヤール著、今村仁司・塚原史共訳、紀伊國屋書店、2015年
『食の社会学――パラドクスから考える』エイミー・グプティル、デニス・コプルトン、ベッツィ・ルーカル著、伊藤茂訳、NTT出版、2016年
「喪失の歴史としての有機農業――『逡巡の可能性』を考える」『食の共同体――動員から連帯へ』原山浩介著、ナカニシヤ出版、2008年、119-176頁
『創られた伝統』エリック・ホブズボウム、テレンス・レンジャー共編著、前川啓治、梶原景昭他訳、紀伊國屋書店、1992年
『ディズニー化する社会――文化・消費・労働とグローバリゼーション』アラン・ブライマン著、能登路雅子監訳、森岡洋二訳、明石書店、2008年
『東京美術選書61　祝いの食文化』松下幸子著、東京美術、1991年
『2025年 日本の農業ビジネス』21世紀政策研究所編、講談社、2017年
『日本の食文化史――旧石器時代から現代まで』石毛直道著、岩波書店、2015年
『日本の憑きもの――俗信は今も生きている』石塚尊俊著、未來社、1999年
『日本の農産物直売所――その現状と将来』浅井昭三著、筑波書房、2004年
『農家の父より息子へ』山下惣一著、家の光協会、1988年
『農魂と農法　農家経営の巻』松田喜一著、日本農友会・松田喜一先生顕彰会・農友社奉賛会、

1950年
『農産物流通は今（日本農業の動き）』農政ジャーナリストの会編、2018年
「フォークロリズムからみた節分の巻ずし」『日本民俗学』236、岩﨑竹彦著、2003年、72‐81頁
『民間伝承論』（『柳田國男全集　第八巻』所収）柳田國男著、筑摩書房、1998年
「民俗学と『民俗文化財』とのあいだ――文化財保護法における『民俗』をめぐる問題点」『國學院雑誌』99（11）、岩本通弥著、1998年、219‐231頁
『民俗学の政治性――アメリカ民俗学一〇〇年目の省察から』岩竹美加子編訳、未來社、1996年
「『民俗』を対象とするから民俗学なのか――なぜ民俗学は『近代』を扱えなくなってしまったのか」『日本民俗学』215、岩本通弥著、1998年、17‐33頁
「弱い紐帯の強さ」『リーディングス　ネットワーク論――家族・コミュニティ・社会関係資本』マーク・グラノヴェター著、野沢慎司編・監訳、大岡栄美訳、勁草書房、2006年、123‐154頁

野口憲一　1981（昭和56）年茨城県生まれ。民俗学者、株式会社野口農園取締役。日本大学大学院文学研究科社会学専攻博士後期課程修了。博士（社会学）。専門は民俗学、食と農業の社会学。

Ⓢ新潮新書

808

1本《いっぽん》5000円《えん》のレンコンがバカ売《う》れする理由《りゆう》

著　者　野口憲一《のぐちけんいち》

2019年4月20日　発行

発行者　佐　藤　隆　信

発行所　株式会社新潮社

〒162-8711　東京都新宿区矢来町71番地
編集部(03)3266-5430　読者係(03)3266-5111
https://www.shinchosha.co.jp

印刷所　錦明印刷株式会社

製本所　錦明印刷株式会社

ISBN978-4-10-610808-2　C0261

価格はカバーに表示してあります。

新潮新書